应用型本科艺术与设计专业“十二五”规划精品教材
湖北省高校美术与设计教学指导委员会规划教材

印刷工艺与设计

主 编 康 帆 辛艺华
副主编 吕金龙 黄 隽 孙 婷 陈 倩

图书在版编目(CIP)数据

印刷工艺与设计/康帆,辛艺华主编 .—武汉:武汉大学出版社,2012.1(2024.7 重印)
应用型本科艺术与设计专业“十二五”规划精品教材
湖北省高校美术与设计教学指导委员会规划教材
ISBN 978-7-307-09055-2

Ⅰ.印… Ⅱ.①康… ②辛… Ⅲ.①印刷—生产工艺—高等学校—教材 ②印刷—工艺设计—高等学校—教材 Ⅳ.①TS805 ②TS801.4

中国版本图书馆 CIP 数据核字(2011)第 160873 号

责任编辑:黎晓方　　责任校对:黄添生　　版式设计:马　佳

出版发行:**武汉大学出版社**　(430072　武昌　珞珈山)
(电子邮箱:cbs22@ whu.edu.cn 网址:www.wdp.com.cn)
印刷:湖北云景数字印刷有限公司
开本:787×1092　1/16　印张:7.5　字数:154 千字
版次:2012 年 1 月第 1 版　2024 年 7 月第 4 次印刷
ISBN 978-7-307-09055-2/TS · 28　定价:49.00 元

总序

独立学院已成为我国高等教育不可或缺的重要组成部分。全国目前已有独立学院300多所，并陆续有一些独立学院脱离母体学校，转设为民办院校，它们在拓展高等教育资源、扩大高校办学规模，尤其是在培养应用型人才等方面发挥了积极作用。

编写适宜独立学院和民办院校使用的应用型本科教材，应充分借鉴普通本科与高职高专类教材建设的经验，以促进就业为导向，做到理论方面高于高职高专类教材、实践方面高于普通本科教材。在湖北省高校美术与设计教学指导委员会的指导下，湖北省独立学院和民办院校艺术设计院系的负责同志经过多次专题研讨，确立了应用型本科艺术类教材编写的基本模式，以湖北省独立学院教师为主，广泛吸纳各地二类本科院校尤其是民办院校参与，组织编写了一套应用型本科艺术类精品教材，并确定为湖北省高校美术与设计教学指导委员会规划教材。这套教材遵循应用型本科艺术类人才培养模式，与时俱进，不断创新，特色鲜明。

(1)突出特色　根据独立学院艺术专业人才培养计划，科学地策划和编写教材，强化“三个突出、一个结合”的原则，即突出应用性、技能性和实践性，与全面素质教育相结合。

(2)体现创新　教材组织形式、编写体例、素材选用与组织视角新颖。同时能引导教师充分理解和把握学科标准、特点、教学目标，能让教师领会教材编写意图，并结合学生的特点，以教材为载体，灵活有效地组织教学，拓展教学空间，以实现教师有效引导与学生自主创新的统一。

(3)注重实用　在教材编写中，突出开放形态的实践教学，体现适用、够用和创新精神，完善教材体系。

从本套教材编委会提交的教材编写工作方案来看，这套教材学科覆盖面比较广泛，包括了美术学基础和设计学基础两大二级学科。编写工作方案整体上突出了三大要素，即重基础、宽口径和理论联系实际，并且强调了内容新、信息全和重实践的特色编著理念。这套教材在体例的编排上，突出了结构体系的科学性、内容体系的完整性和格式体系的合理性，达到了高等教育学术规范的要求。好的教材不仅要突出创新性，立足于实际，同时也要以高校的发展需求为契机。本套教材突出了科学性、实用性、针对性、通俗性和普及性，具有先进的策划和设计理念，并有准确的定位和完善的体例相配合，装帧设计与教材内容相契合，是一套值得推荐的教材。

过去这类教材出版很多，但多数不太适合应用型人才培养。我认为，教师好用、学生好学、能指导实践的教材才是好教材。好的教材就会有较强的生命力，能经受住实践的考验，具有大范围的推广性。

教材编写是一个系统工程，承载了各院校的学术诉求和课程改革愿望。湖北省高校美术与设计教学指导委员会对整套教材的编写工作高度重视，并将在后续的编写和审读编辑工作中提供全方位的支持。

愿我们这套教材的顺利出版能为独立学院和民办院校的教学发展和课程体系建设，以及应用型人才的培养添砖加瓦！

湖北省高校美术与设计教学指导委员会秘书长
中国艺术家协会常务理事
中国艺术家协会视觉艺术研究会副会长
中国美术与设计文献研究中心主任
湖北美术学院学术委员会委员
张昕 教授
2011年5月20日

前　言

作为21世纪合格的职业平面设计师，除了具备传统设计师的基本能力外，熟练地操作运用电脑，全面地了解印刷工艺，是其必备的专业技能。

本书集印刷工艺原理与平面设计相关的印刷技法与理论为一体，是一本在印刷设计方面较为系统、完整的技法理论书籍，对与设计有关的印刷知识进行了详细的介绍，包括印刷基本概念、印刷工艺与效果、印刷色彩的分析和控制、印刷品文字与图形处理、印刷设计流程、印刷类平面设计案例分析。在这本书的编写方法上，既注意到理论知识的讲述，又在实践性较强的环节上着重讲述了理论与印刷实践的结合，以利于提高学生的实战经验和操作技能。在案例分析上以学生练习与客户实战练习相结合，具有极强的实践性和代表性，只要掌握方法，就可以触类旁通。全书图文简洁、明了，具有一定的实用性、可操作性。

本书以案例的形式进行介绍，每个案例又配有相关案例分析，在教材编写上严格按照印刷的流程，思路清晰，形式独特，适合高等院校作为教学用书；同时，为了方便教师备课与学生有步骤地进行学习，根据教学进程的安排设计了单元练习，并对优秀案例及学生习作实例进行了解析，同时与实例设计进行对照对比，让学生能够更快地了解实战设计流程与方法，为学生能在毕业后更快地融入平面设计工作提供前提与准备。

本书是一本讲解印刷基础和印前图文设计制作技术的专业教材，印刷知识的讲授深入浅出，适合平面专业学生学习与掌握。主要内容包括：印刷与平面设计概论；计算机图文处理与印刷设计；印前创意与印刷工艺设计；印刷设计流程；印刷类平面设计案例分析。

主要针对的读者对象是高校平面设计艺术专业学生、广告公司的平面设计指导，以及正在从事或准备进入广告、新闻、出版、包装、印刷等相关行业的非印刷专业的从业人员。

编　者

2012年1月

目　录

第一章　印刷概论　/1

第一节　中国印刷简史　/3
第二节　外国印刷简史　/7
第三节　印刷设备与技术发展简史　/9
第四节　平面设计与印刷工艺的关系　/12

第二章　印前计算机图文处理　/17

第一节　桌面出版系统　/19
第二节　印刷流程　/21
第三节　图像数字化处理　/29
第四节　图文排版软件　/33
第五节　图像调整与电脑屏幕校正　/35
第六节　印刷菲林输出注意事项　/39

第三章　印刷版式编排与设计　/43

第一节　版式设计的基本步骤　/46
第二节　印刷版式纯文本编排　/47
第三节　文字的基本编排形式　/50
第四节　印刷图版编排　/53

第四章　现代印刷要素　/55

第一节　原稿　/57
第二节　印版与制版　/58
第三节　油墨　/59
第四节　印刷纸材　/59
第五节　印刷机械　/66
第六节　数码印刷　/69

第五章　印后加工　/71

第一节　光油、过胶、UV上光　/73
第二节　模切与激光雕刻　/74
第三节　凹凸压印　/75
第四节　烫金　/75
第五节　装订工艺历史发展　/76
第六节　平装书的装订　/83
第七节　精装书的加工　/85

第六章　各类印刷品设计　/93

第一节　书籍设计与印刷　/95
第二节　包装设计与印刷　/98
第三节　招贴设计与印刷　/104

参考文献　/109

第一章　印刷概论

第一节　中国印刷简史
第二节　外国印刷简史
第三节　印刷设备与技术发展简史
第四节　平面设计与印刷工艺的关系

第一章　印刷概论

第一节　中国印刷简史

一、印刷术的物质基础

古代，我们的祖先为了记事和长距离及长时间的交流思想，先后创造了各种记录方法。从商周时代刻在龟甲兽骨上的甲骨文（如图1.1），铸刻在青铜器上的金文（如图1.2），到秦始皇统一全国后，推行统一文字的政策，以小篆为正字。秦末，由篆书简化演变而成隶书，后来在结构上改象形为笔划，以便书写，奠定了楷书基础，楷书长期稳定并沿用至今。

我国古代文字除刻在甲骨上和铸造在青铜器上以外，在战国至魏晋时代，著作和文件书还书写在竹片上，称竹简，写在稍宽的长方形木片上为牍，若干简编缀在一起叫策（册）（如图1.3）。在竹简、木简盛行的同时，出现了将文字写在白色细绢（缣帛）上，缣帛容易书写，可折叠，携带方便，胜过竹木，但成本太高，不能普遍使用。直至东汉时，蔡伦（如图1.4）总结西汉以来用麻质纤维造纸的经验，改进造纸术，创造性地利用树皮、麻头、破布、旧渔网等植物纤维作原料造纸，为造纸技术的发展开辟了广阔的道路，改变了竹简太

1　图1.1　甲骨文与甲骨文拓片
2　图1.2　金文与金文拓片

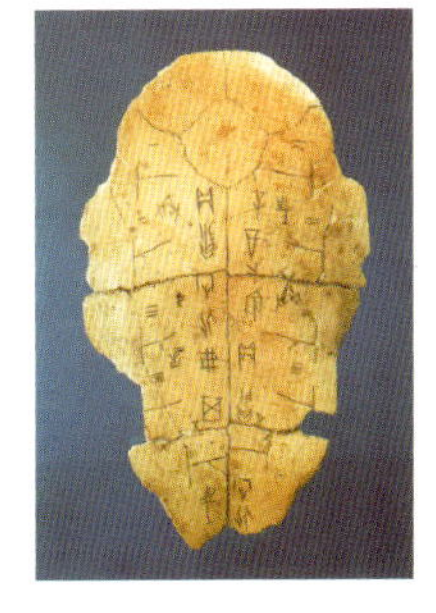

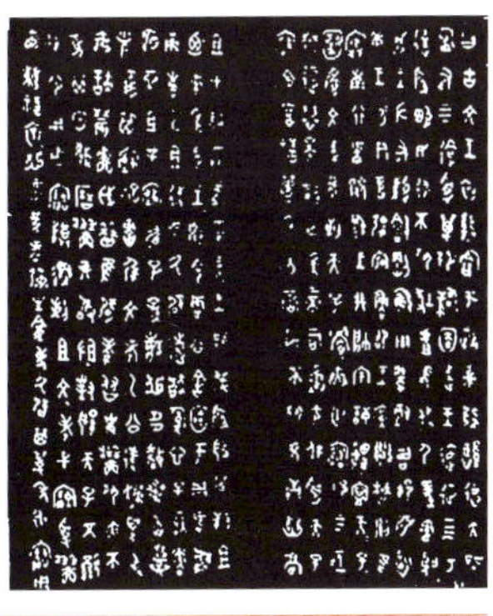

3 | 4　图1.3　蔡伦画像　图1.4　策
5 | 6　图1.5　笔　图1.6　松烟墨

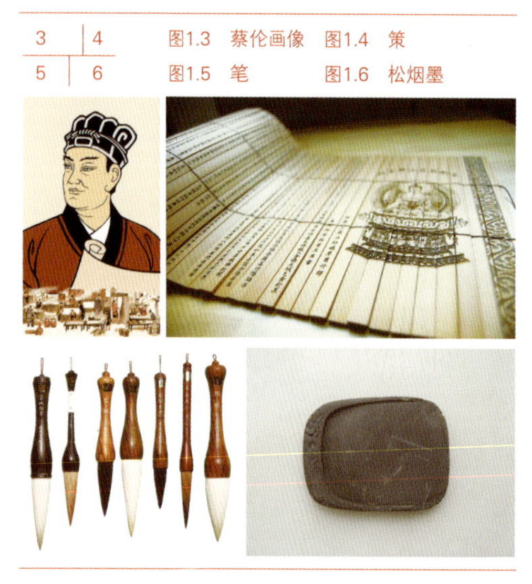

重、缣帛太贵、不便于推广使用的缺点。

在公元前4世纪—前3世纪就出现了以兔毫做笔头、细竹做笔杆的毛笔（如图1.5），经历代相传，沿用至今。大约在公元3世纪，我国以松烟和动物胶等为原料制成松烟墨（如图1.6），为书画所用的黑色颜料，从而取代了在这以前使用的朱砂、石墨、漆以及墨鱼的墨汁等天然物质。

文字的发展与规范以及笔、墨、纸的发明，为印刷术的发展奠定了必要的物质基础。

二、印刷术的起源与发展

为了美化生活，人们开始在制作衣物服饰的织物上描绘、绣织或印染美丽的花纹（如图1.7）；在陶器上绘画、雕刻或拍印几何图案（如图1.8）；并通过金属冶炼，制造金属的刻刀等工具。无疑，这些都与手工雕刻、转印复制、织物印花等印刷术的前驱技术的发展息息相关，为印刷术之萌芽和发端。

早在公元前4世纪（战国时代），我国已经有了印章（如图1.9），印章是最早的文字复制技术。在公元前7世纪，我国就有了石刻文字，免去了从石刻上抄写的劳动，至公元4世纪左右，发明了墨打拓其文字或图形的方法——拓石（如图1.10）。后来，又将刻在石碑上的文字，刻在木板上，再进行传拓。

雕刻印刷（如图1.11）是我国印刷术的最早形式，是印章盖印和捶拓碑石两种方法的结合和逐步演变的结果，是印刷术发明的先驱。

7　图1.7　苗族刺绣
8　图1.8　陶器几何纹
9　图1.9　印章

10　图1.10　石碑拓印
11　图1.11　雕刻印刷
12　图1.12　雕版印刷工具

三、雕版印刷的发展

雕版印刷的工具，一般用枣木或梨木作版材（如图1.12），将木料刨成适当的厚度，锯成需要的大小幅面，在版面上刷一层浆糊，使版面光滑柔软，再将写在薄而透明的纸上的原稿，反向贴在版上，用刻刀按原稿把不是图文的部分刻去，即成印版。在印版上刷墨，把纸铺在版上，用刷子轻匀刷过，揭下纸张，图文就转到纸上了，成为印刷品（如图1.13）。

从现存最早的文献和最早的印刷实物来看，我国雕版印刷术出现在唐朝初期。唐开元年间（公元713—714年）雕本《开元杂报》是世界最早的报纸。唐朝后期，印刷实物有明确日期保存下来的是《金刚经》（如图1.14），该书雕刻非常精美，图文浑朴稳重，刀法纯熟，说明刊刻此书时技术已达到高度熟练的程度，书上墨色浓厚均匀，清晰明显，也说明印刷术的高度发达，且印刷术发明已久。

印刷术的流行，渐渐产生了一种印刷用的字体，形成与手写体完全不同的印刷通用字体，现今宋体字就为印刷字体，是宋代雕版印书通行的字体（如图1.15）。

1.制作印版

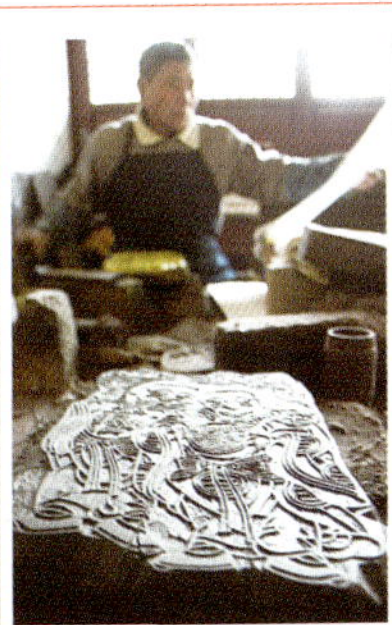

2.印版上墨

3.转印

4.印刷成品

图1.13　雕版印刷流程

笔的发明和改进，使得汉字逐渐向着简化、工整、规范和易于镌刻方向发展；织物、纸张和人造墨的发明和应用，为印刷术提供了必不可少的原材料，奠定了物质基础；手工雕刻技术以及盖印、拓印和印染技术的不断完善，解决了印刷术的技术难题；社会的进步和文化事业的发达、兴旺，造就了印刷术的社会环境和客观需求。上述这四者的结合，构成了印刷术源头时期的全部内容。

图1.14 《金刚经》

图1.15 宋代雕版图书

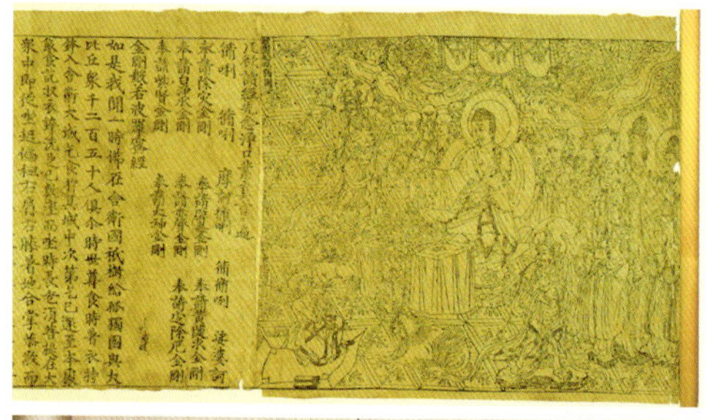

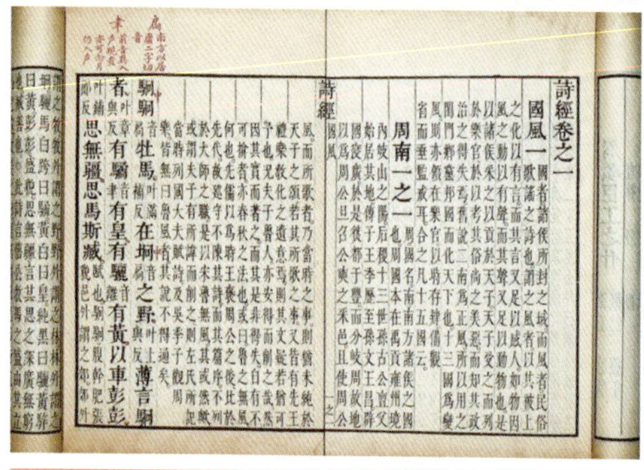

詩經卷之一

國風一

周南一之一

四、活字的发明与发展

利用雕版印刷书籍，要将全书每个字都刻在版上，其中有许多字都是重复出现的，也都要一一刻出，使雕刻工作量很大。为减少重复使用字的雕刻，并能使已刻出的字重复使用，活字印刷应运而生，使印刷术又进一步得到了发展。

公元1041—1048年（宋仁宗庆历元年至八年）间，毕昇发明了胶泥活字版（如图1.16）。他比德国古登堡创用铅活字早400年。公元1297—1298年（元成宗大德元年至二年）间，活版印刷术的改进者王祯创制了一套木活字。王祯不仅创造了本活字，而且还设计了转轮排字架（如图1.17）。活字依韵排列在字架上，排版时转动轮盘，以字就人，提高排字效率，减轻劳动强度。

19世纪以后，随着西方印刷术的西法东渐，西方的铅活字印刷术、石印术和照相制版术相继传入中国，从此，中国的印刷迈入了近代历史阶段。如果说中国古代印刷术完全是以人的手工技艺为特征进行图文刷印的话，那么近代印刷术则主要是由人驾驶的动力机械来完成图文转印的（如图1.18）。20世纪70年代以来，世界进

图1.16 毕昇铅活字印刷

图1.17 王祯转轮排字架

图1.18 机械印刷机

入电子资讯时代，电脑已经广泛应用于社会的各个领域，电子技术与印刷科学相结合，产生了电子分色机、电子雕刻机、平印机自动识别输墨系统、电子电脑排版系统及彩色桌面系统等现代印刷科学技术手段。

第二节　外国印刷简史

一、东南亚印刷简史

在中国发明了印刷术以后，一些东亚、东南亚国家早在中国唐代即先后学习引进印刷技术，并根据各自的需要和条件，创建了自己的印刷事业；各国虽受到中国印刷术的启发和影响，但直到文艺复兴以后，15世纪中叶才发展起来。由于不断吸收科学技术成就，逐渐形成了多品种、高效代印刷风貌。

东亚、东南亚各国7、8世纪以来与中国的经济文化交往日趋频繁。朝鲜、日本等国吸取了中国唐代已臻成熟的雕版印刷对于世界文化的交流和传播起到了桥梁的作用。

朝鲜与中国在隋唐时代，政治、经济、文化关系已十分密切。邀请中国人士赴朝鲜讲学、传授技术以及派遣使节、僧侣等来中国学习交流，极为繁荣的文化发展需要导致对书籍印刷的重视。中国的印本书籍甚至雕刻版往往作为礼品或商品大量输入朝鲜。印刷术也随之东传。现存最早的印刷就有1966年在韩国庆州佛国寺释迦塔中发现的《无垢净光大陀罗尼经咒》(如图1.19)，内有武则天创的“制字”，学者推定为8世纪初的印刷品。

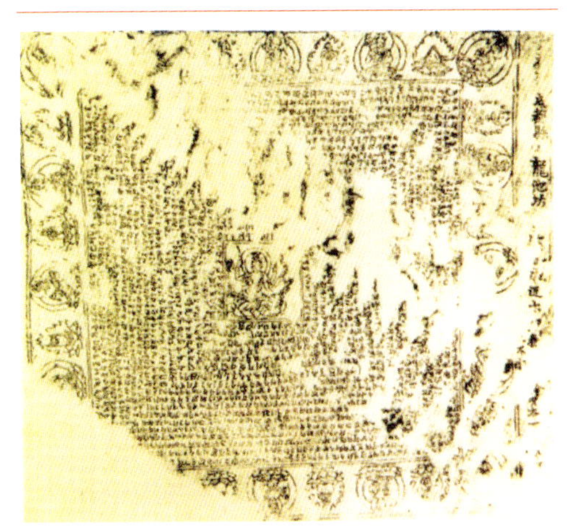

图1.19　《无垢净光大陀罗尼经咒》

朝鲜在此基础上不断作出独特的发展。据朝鲜史籍记载，在10世纪中叶已有了铜版印刷，但主要仍用木刻版印制书籍。高丽高宗时，崔怡铸字刊印《详定礼文》考证为世界上最早使用金属活字印刷的书籍。15世纪以来还曾用铅活字、铁活字、陶活字进行印刷，如《通鉴纲目》，直到19世纪才逐渐被印刷术所取代。

二、日本印刷简史

日本印刷事业的起源与佛教流传有密切的关系。据史料记载，日本最初的印刷术是由朝鲜东传。以后日本与中国之间，高僧、遣唐使、留学生等往返频繁，对日本印刷的开创和发展起到了促进作用。

据记载，日本宝龟元年（770年），就刻印了全部为汉字的《无垢净光经根本陀罗尼》等4种经文在100万经幢中，称为“百万塔陀罗尼经”。宝治元年（1246—1247年）翻刻了中国宋代婺本《论语集注》，是日本刻印的第一部儒家书籍。元亨元年（1321年）刊印《黑谷上人语录》，是日文刊本之始。

1590年欧洲传教士在中国广东澳门用西洋活字印拉丁文《日本派赴罗马之使节》，欧洲印刷术随即传入日本，称“切支丹”本。此后，日本不断吸收西方新的印刷技术加以利用和发展。在汉字排版方面，日本创制了铸排机和照相排版系统。

三、欧美印刷的起源

西方史籍对欧洲印刷的起源缺乏明确的记载。从现存欧洲最古老的印刷品来看，14世纪末即已开始使用木版、铜版刻印圣像、纸牌。1423年印制的圣克利斯道夫像（如图1.20）也是采用木刻版。后来在刻制的图像上配置了文字。到15世纪中叶，又出现了欧洲最早宗教书籍及A.多纳图斯著的法，称为“语法初阶”，采用的是与中国木刻版印刷相同的方法。因此，从印刷应用范围逐步扩展的过程及使用的版材工艺来观察，东方印刷术对欧洲不无影响。

图1.20 圣克利斯道夫像

古登堡与铅印工艺的传播

15世纪三四十年代，德国人J.古登堡（如图1.21）致力于印刷术的探索，用模型铸制铅合金活字排成版面印刷，并参照酿酒用压榨架结构，制成木质印刷架（如图1.22），印刷书页。故西方对印刷机至今仍沿用印刷压架的名称。著名的《四十二行圣经》（如图1.23）就是用古登堡活字和印刷架排印的现存最早的印刷书籍。因铸制的字母整齐一致，一次排版可连续印出许多印张，为各国陆续采用，对当时的文化交流传播作出了重大贡献。古登堡的发明，使德国许多城市建立了印刷所，并传播到欧洲各国。

图1.21 J.古登堡像
图1.22 古登堡印刷架
图1.23 古登堡印刷架印制的《四十二行圣经》

欧洲的印刷技术以印制宗教书籍为契机由传教士传入中国。1844年美国基督教长老会在澳门开设花华圣经书房，1845年迁至宁波，改称美华书馆，再迁至上海。传教士姜别利主持美华书馆期间用电镀法制作汉文活字铜模大小7种。铅印技术在中国随之逐渐普及。

第三节　印刷设备与技术发展简史

一、印刷工艺的发展

铅印凸版印刷虽然给书籍印刷带来了便利，但工艺繁复，且主要适用于文字排版，对于彩色图画等有很大的局限性。欧洲后来又不断出现了多种印刷工艺，主要有平印、凹印、丝网印刷，以及从凸印分化出的苯胺印刷以及无压印刷等。

1. 平印

最早是布拉格人A.塞内费尔德1798年左右发明的在表面密布细孔的石灰石板上绘制图文的印刷方法，称为石印。

1868年开始用金属薄板代替印石，可以包卷在圆筒上，用卷筒方式进行印刷。1904年美国人I.W.鲁贝尔创始将印版上的墨迹经橡皮布转印到纸上，不但印出的图文结实清晰，且印版的寿命有所延长，更适于印制图画。20世纪初，这项工艺即陆续在欧洲各国推广。因经橡皮布移印是它的特征，故称为间接印刷，中国习称胶印（如图1.24）。

2. 凹印

早期凹版制作是在印版平面上利用雕刻或腐蚀方法使图文凹陷，着墨后刮拭去平面上的油墨，仅有存留在凹陷部分的油墨转移到纸上（如图1.25）。

24　图1.24　胶印
25　图1.25　版画凹版印刷

意大利M.菲尼圭拉1452年首先刻制了凹版，于1477年在佛罗伦萨出版用手工雕刻凹版印制插图的书籍《伊尔莫特·圣狄奥》。1513年德国人W.格拉夫发明蚀刻凹版，以后英国人T.贝尔又创制刮刀刮除版面多余的油墨。19世纪90年代居住在维也纳的捷克族人K.克利克采用照相术制版并结合了前人方格网屏、碳素纸和刮墨刀等的成就，革新工艺后，凹印工艺才发生彻底改革，形成沿用至今的照相凹版印刷术。

3. 丝网印刷

是孔版印刷的主流。起源于古代中国的镂空版印刷。现在一般以丝网或金属网为版基，网上覆盖一张手工刻制的镂空印版，用刮板压刮使漆类涂料或染料透过镂空花纹，印到承印材料上。采用照相制版法后，丝网上涂布感光胶膜，在照相原版下曝光使网孔阻塞，仅图像部分透墨印刷，应用范围日趋广泛。

4. 柔性版印刷

原称苯胺印刷，是凸版印刷的一种。1890年英国人在源于德国的橡皮版印刷基础上先发展起来，而实用的机型则首先在美国制造。印版用橡胶或塑料制成，使用苯胺染料（或颜料）及溶剂配制的印墨，因而得名。20世纪70年代以来，已废止了有毒性的苯胺染料，1952年国际上改称为柔性版印刷。此种方法工艺设备简单，成本较凹印为低，多用于纸张、纸板、塑料等包装材料印刷，80年代已将它应用于报纸书籍印刷。

二、印刷机的演变

石印机是最早的平版印刷机，第一台为1851年维也纳的西尔工场所造（如图1.26.1）。自采用金属薄版代替石版、经橡皮布转印的间接印刷方式代替了直接印刷（如图1.26.2），机器的结构基本定型，数

图1.26.1 古老的石印机

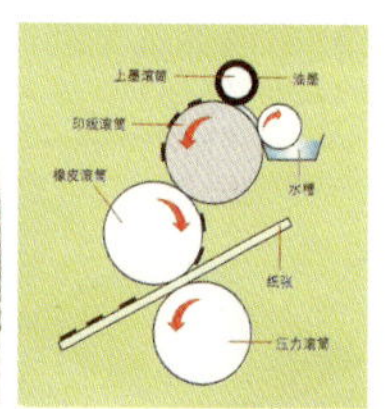

图1.26.2 现代平版印刷机及原理

十年来的发展，是机型系列化，给纸、收纸、润水、上墨等的自动化，多色、双面印刷等。另有微型的简易胶印机型与办公排版系统配套。

凹印机原采用雕刻版用于纸币、证券等印刷，自照相加网制版、刮墨刀除去余墨等方法奠定了主体工艺之后，其发展与胶印机基本相似。20世纪70年代以来，出现小型多色的机组，并与压痕、模切等联接，便利包装印刷制盒制封等生产。

其他诸如丝网印刷、柔性版印刷等，基本上也是沿着操作自动化以达到提高印刷质量和生产效率，从而降低成本，适应日益增长的社会需要。20世纪70年代以来，以电子计算技术为中心的新技术革命浪潮又推动了各种印刷机走向电子化控制。

民间木版年画

学习目的： 了解民间木版年画的创作过程，从中体验中华民族传统文化的内涵与精髓，对印刷设计建立深厚的感情，并尝试进行雕版印刷的手工实验，体验传统印刷的魅力。

建议课时： 6课时

背景知识

套印和彩印

印刷术发明以后，一些书籍与图画都用单色印刷，随着文化的发展，对印刷品的要求越来越高，开始出现彩色印刷。彩色印刷有两种主要形式：套版和饾（音dòu）版。

套印就是在同一幅面上印两色以上的印刷方式。如要在一张纸上印红黑两色文字，就刻两块相同大小的版，在一块版上只刻要印黑色的文字，另一块版上只刻要印红色的文字。先用刻有黑色文字的版，用黑墨印成黑字，再在另一块版上用红墨印在已有黑字的纸上，便得到两色文字印刷品。由于在印刷时，必须使这两块版的版框严密地互相吻合，以保证印张上各种颜色能够恰好在其相应的位置，而不致参差不齐，所以叫套印或套版。

雕版印刷术除印刷文字外，另一个应用领域是复制图画，用雕版印刷图画，称为版画，中国版画的历史与中国印刷术具有同样悠久的历史。

图画用雕版印刷，如何由单色变为彩色，由敷色变为套印，使图画更为绚丽多彩。为了解决这个问题，根据画稿设色深浅浓淡和阴阳背向的不同，进行分色，刻成多块印版，然后依色调套印或叠印，同其堆砌拼凑，所以叫“饾版”。

套版和饾版的发明，是雕版印刷的大发展，套版用于印制文字书籍，饾版用于复制美术图画。我国先发明套版，而后发明饾版，有了套版和饾版就可以印刷色彩分明、鲜艳夺目的图书了。

课后练习

作业要求：了解印刷发展的历史，同时了解我国古代的传统文化与书籍形态和雕版印刷过程（如图 1.27），为现代设计提供良好的文化基础，同时，古书籍的物质载体与装订形式也为现代设计提供新的设计思路。

图1.27 雕版印刷过程

第四节　平面设计与印刷工艺的关系

印刷技术（printing technique）是人类历史上最伟大的发明之一，它又是我国古代四大发明之一。由于印刷技术的发明，便利了信息交流、思想传播和技术的推广。在印刷技术发明之前，书籍只能靠手工抄写来传播，抄写书籍既费时间，数量又很有限，还容易发生错漏，相互传抄，更易以讹传讹。印刷后技术发明之后，书籍的出版和其他图像的复制就省时了，并能较大量的制作，便于传播，推动了社会文化的发展与进步。所以印刷技术是促进社会文化发展的一项重要手段，在当今现代化建设中，印刷事业更是通过各种印刷品（printed matter）为媒介，传播思想、科学、文化、知识，以促进社会主义的精神文明和物质文明的发展。

平面设计（Grap），从空间概念来界定，泛指以长、宽二维形态来传达视觉信息的各种传播媒介。从制作方式来界定，过去通常是指在设计中所有最终通过印刷手段来完成的作品。随着现代平面传播载体的不断丰富，我们现在可以将它分为两种基本形式，即印刷类平面设计和非印刷类平面设计。印刷类平面设计只有被印刷成成品以后，设计才算是真正意义上的完结，因此它具有物质和精神的双重属性，印刷工艺就是印刷类平面设计的物化途径。如何达到印刷成本与设计效果的最佳结合，是设计师应该具有的品质。平面设计者对印刷工艺与材料思维的关注，扩展设计思路，为书籍的艺术表现提供更多的可能性。

但是，目前国内的平面设计，存在着一个很严重的问题：印前作业操作人员基本上不是印刷专业人员，对印刷的工艺知识知之甚少；另一方面，印刷院校出来的学生，其工作的内容主要在于对计算机在印前作业中所用到的软件的熟练掌握、熟悉印刷工艺的基本工作流程等，基本上对印前设计工作不甚了解。这就造成了一个矛盾：如何处理好印前设计和印刷专业技术的结合。

在过去很长的一个时期，平面专业的学生对印刷知识的学习重视是不够的，但是随着社会经济的发展与科学技术的进步，材料设计、工艺设计成为书籍设计不可或缺的重要内容。任何设计思想和创意，都要通过纸张材料、印制工艺从电脑设计稿变成实在的设计产品。

“天有时，地有气，材有美，工有巧。合此四者，然后可以为良。”如何达到印刷成本与设计效果的最佳结合，是设计师应该具有的品质。平面设计者对印刷工艺与材料思维的关注，扩展设计思路，为平面设计提供了更多的可能性。

以《梅兰芳传》一书为例（如图1.28），数家出版社都出过这个选题，大都压在库房卖不动，而有一家出版社请了吕敬人工作室进行设计，设计师在图书切口的正反面分别印制梅兰芳的生活照和舞台照（如图1.29），这种独特的切口印刷工艺形式一下就吸引了读者的注意力，使此书在短时间内一售而空。

课后练习

作业要求：搜集采用不同印刷工艺的设计作品，包括书籍设计、包装设计、招贴设计作品等。让学生对印刷工艺的成品的效果有一个感性的认识和初步的了解。

作业数量：50 张

建议课时：4 课时

28

29

图1.28　《梅兰芳传》切口设计

图1.29　《梅兰芳传》设计草图

吕敬人设计欣赏

吕 敬 人[①] (图1.30)

上海人，书籍设计师、插图画家、视觉艺术家，师从神户艺术工科大学院杉浦康平教授，现任清华大学美术学院教授，全国书籍装帧艺术委员会副主任、中央各部门出版社装帧艺术委员会主任，中国美术家协会插图装帧艺术委员会委员。1996年起享受国家政府特殊津贴。曾被评为亚洲著名的十大设计师之一，中国十大杰出设计师之一。

图1.30 吕敬人

敬人书籍设计作品丰富（如图1.31），设计风格有以下几个特征：整体性、本土性、秩序性、隐喻性、探索性、工艺性，对印刷工艺的巧妙运用更对性格鲜明的"吕氏风格"的形成起到了不可替代的作用。

获奖：

2000 年　北京国际平面设计大赛获优秀设计

2002 年　获中国十大杰出设计师奖

2002 年　《敬人书籍设计 2 号》(如图 1.32) 获第十四届香港印制大赛书籍设计意念奖

2003 年　《中国书院》获第十五届香港印制大赛冠军奖、全场大奖,《少林寺》获特种包装冠军奖,《怀珠雅集》(如图 1.33) 纸类包装冠军奖

2003 年　《中国书院》获第一届"中国最美的书"

2004 年　《范曾谈艺录》、《对影丛书》(如图 1.34)获第二届"中国最美的书"

2005 年　《天边的彩虹》获第三届"中国最美的书"

论著：

2000 年著《敬人书籍设计》(吉林美术出版社)

2002 年著《敬人书籍设计 2 号》(电子工业出版社)

2002 年著《从装帧到书籍设计》(河北美术出版社)

2003 年编《书中梦游》(中央美院设计学院)

2004 年编著《翻开——中国当代书籍设计》(清华大学出版社)

2005 年著《吕敬人书籍设计教程》(湖北美术出版社)

2005 年合著《现代平面设计与制作实用手册》(黑龙江科技出版社)

2006 年合著《在书籍设计时空中畅游》(江西美术出版社)

2006 年著《书艺论道》(中国青年出版社)

① 图文来源：中国出版网 http://www.chuban.cc/zzys/sjds/200810/t20081014_40059.html.

案例分析

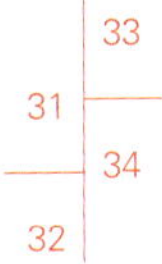

图1.31 吕敬人书籍设计作品

图1.32 《敬人书籍设计2号》书籍设计

图1.33 《怀珠雅集》书籍设计

图1.34 《对影丛书》书籍设计

第二章　印前计算机图文处理

第一节　桌面出版系统
第二节　印刷流程
第三节　图像数字化处理
第四节　图文排版软件
第五节　图像调整与电脑屏幕校正
第六节　印刷菲林输出注意事项

第二章　印前计算机图文处理

第一节　桌面出版系统

Desktop Publishing的意思为桌面出版系统，最初的桌面出版系统是用于解决文字排版的，随着计算机彩色图像处理技术的发展，桌面出版系统由处理文字发展到能处理彩色图像，并实现图文混排、整页输出，即彩色桌面出版系统。最近几年，桌面出版系统技术又有了突飞猛进的发展，主要体现在直接制版系统和数字打样上。

彩色出版系统的硬件包括图文输入部分（扫描仪、数码相机、数位版）；图文处理部分（计算机）；图文输出部分（打印机、照排机、数字印刷机）。（如图2.1）

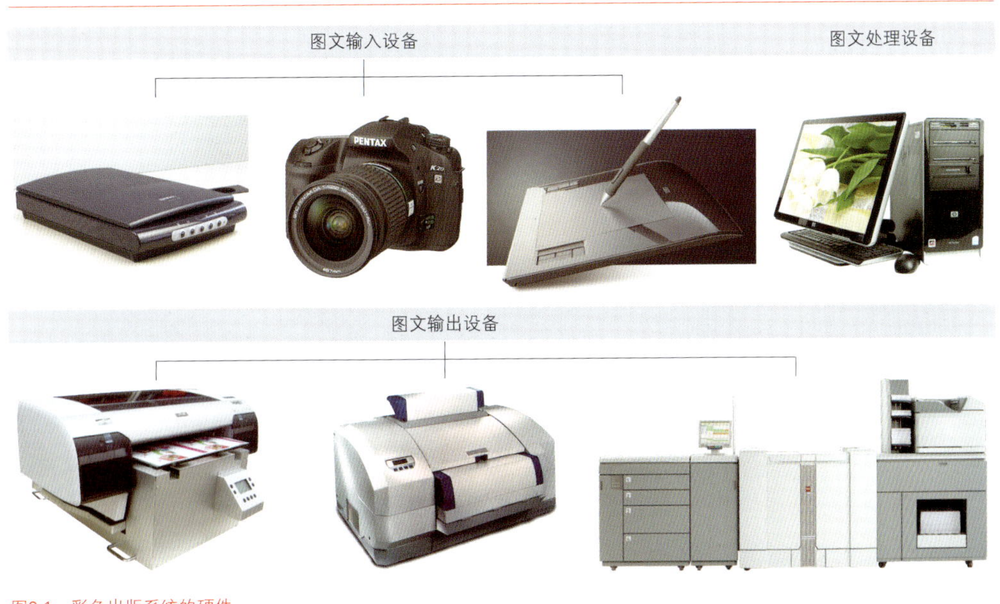

图2.1　彩色出版系统的硬件

输入设备：

1. 数码相机

数码相机使用电子元件——图像传感器来捕获图像，传统胶卷相机使用物理材料——银盐胶卷来捕获图像——这就是数码相机区别于传统相机的最本质、也是最直观的要素。

数码相机上具有的图像传感器、ADC、DSP、JPEG编码压缩器、存储器、LCD显示屏、连接端口、电源以及附带的驱动软件等是传统胶卷相机上所没有的，这些都是数码相机之所以成为数码相机的必备元件。数码相机形成图像的整个过程是光电转换、图像处理、图像合成、图像压缩、图像保存、图像输出，形成的图像是数据形式的。

数码相机的影像可直接输入计算机，而传统相机的影像必须在暗房里冲洗，要想进行处理必须通过扫描仪扫描进计算机，而扫描后得到的图像的质量必然会受到扫描仪精度的影响。这样即使它的原样质量很高，经过扫描以后得到的图像就差得远了。

2. 扫描仪

印刷对于图片的质量要求较高，因此将图片数字化的过程应注意图片的质量。专业的图片输入设备有滚筒扫描仪和专业平板扫描仪两种。

印刷品原稿的扫描设置：

在该项设置中一般分为85lpi（新闻纸）、133lpi（杂志）、150lpi（一般）和175lpi（样本）四项。由于印刷品是由网点所组成，再复制是在原有的网点基础上进行的，此时就会产生干涉图形（如图2.2）。对于有干涉图形的图像进行印刷，就会在单位面积内的色调上形成不规则的花纹，使之在印刷品上产生格子状图案，俗称“龟纹”。

平面扫描仪的该项设置实际是对扫描焦距进行调整，使扫描仪不能将印刷品的网点分辨出来。因此，进行该项设置时，其图像清晰度在一定程度上会受到影响，其中网点最粗的85lpi调整幅度最大，其图像也相应模糊，网点最细的175lpi调整幅度最小。因此，无法确定印刷品原稿的印刷网线时，为尽量保持图像的清晰度，应该从选择较细的网线设置开始扫描，直至没有“龟纹”出现。

重点提示：图像最终要印刷，一般要保证扫描图像分辨率达到300dpi以上。

3. 电子分色

电子分色是在出版印刷业所使用的专有名词，其实它就是电子扫描。

电子分色即是将影像原稿（正片、负片等透射稿，照片、印刷型录等则属于反射稿），透过电子分色机（如图2.3）转换成计算机使用的数字元元影像，也就是分色成为RGB三色或是CMYK四色色彩的数

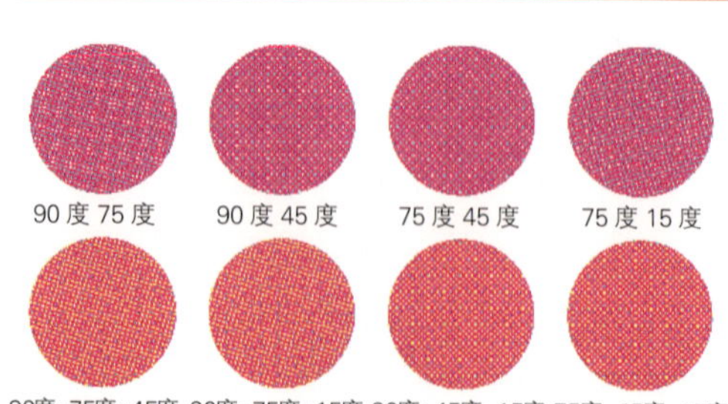

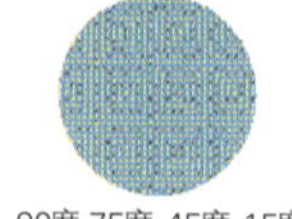

图2.2　干涉图形

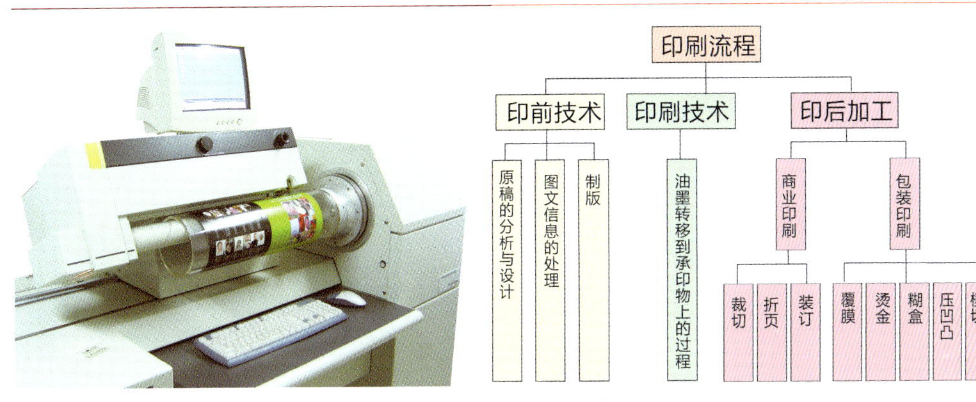

图2.3　电子分色机

图2.4　印刷流程

字元元影像。

一般平台式扫描机的光学分辨率大多为600dpi，专业级滚筒式扫描机多在4000dpi以上。一般市售平台式扫描机规格中的最大输出分辨率（都高达4800dpi以上）都是使用扫描程序软件仿真，因此使用平台式扫描机扫描得到的数字元元影像品质，会比专业滚筒式扫描机差。

第二节　印刷流程

一件印刷品的复制，一般要经过原稿的分析与设计、印前图文信息处理、制版、印刷、印后加工五个基本的步骤，就目前的实际情况来看，已把原稿的分析与设计，图文信息的处理、制版这三个步骤统称为印前技术，把油墨转移到承印物上的过程称之为印刷技术，把经过印后加工以实现不同使用目的的印刷品的过程称之为印后加工技术，所以说，印刷工程就是印前技术、印刷技术、印后加工技术三大技术的总称。（如图2.4）

一、印刷字体

文字是记录和传达语言的书写符号体系。我们在印刷中使用的文字有：汉字、各少数民族文字、拉丁字母等。字体是同一种文字的不同体式，如汉字有手写的楷书、行书、草书等，印刷用的有宋体、黑体等。

1. 汉字字体

汉字在长期的发展演变过程中，创造了笔划整齐、结构严谨的各种印刷字体。常用的印刷字体（如图2.5）有以下几种：

宋体　印刷工艺与设计

黑体　印刷工艺与设计

楷体　印刷工艺与设计

仿宋　印刷工艺与设计

图2.5　常用印刷汉字字体

宋体：是宋代雕版印书通行的印刷字体，最初用于明朝刊本，是写字人模仿宋体写成，是现在最通行的一种印刷字体。其特点是字形正方，笔划横平竖直，横细竖粗，棱角分明，结构严谨，整齐均匀，它的笔划虽有粗细，但很有规律，使人在阅读时有一种醒目舒适的感觉，目前常用于排印书刊报纸的正文。

黑体：又称方体、等线体。其特点是字面呈正方形，字形端庄，笔划横平竖直等粗，粗壮醒目，结构紧密。它适用于作标题或重点按语，因色调过重，不宜排印正文。

楷体：又称活体。其特点是字形端正，笔迹挺秀美丽，字体均整，用笔方法与手写楷书基本一致，初学文化的读者易字辨认，所以广泛用于印刷小学课本、少年读物，通俗读物等。

仿宋体：又称真宋体。其特点是宋体结构，楷书笔法，笔划横直粗细匀称，字体清秀挺拔，常用于排印诗集短文、标题、引文等，杂志中也有用这种字体排整段文章的。

长仿宋体：是仿宋体的一种变形，字面呈长方形，字身大小与宽度之比是4∶3或3∶2，字体狭长，笔划细而清秀。一般用于排版古书，诗词等，也有用作书刊标题。

美术字：是一种特殊的印刷字体。为了美化版面，将文字的结构和字形加以形象化。一般用于书刊封面或标题。这些字一般字面较大。它可以增加印刷品的艺术性。

近几年来，为了活跃版面，又设计了许多新字体，供印刷使用，其中有：黑变体、隶书体、长牟体、扁牟体、扁黑体、长黑体、宋黑体、小姚体、新魏体等，这些都作为标题使用。例如《世界文化遗产专家五台山考察》手册设计（如图2.6）中的标题就采用了美术字，使书籍具有较强的艺术性。

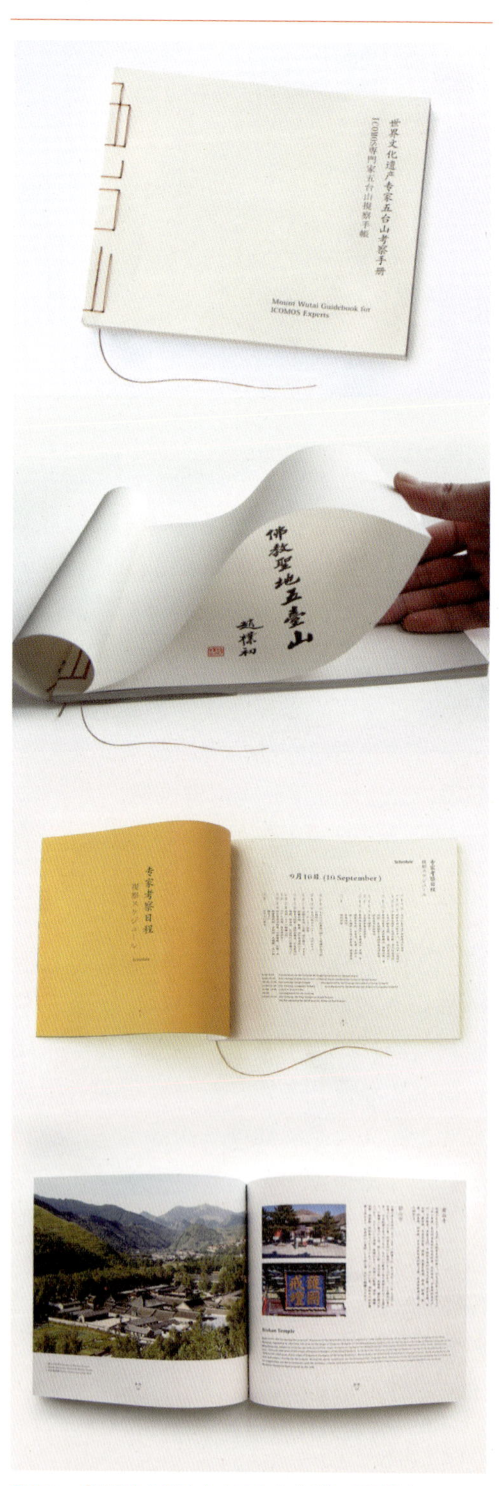

图2.6 《世界文化遗产专家五台山考察》手册设计

文字的个性与心理

一般说来，文字的个性大约可以分为以下几种：

（1）端庄秀丽。这一类字体优美清新，格调高雅，华丽高贵。

（2）坚固挺拔。字体造型富于力度，简洁爽朗，现代感强，有很强的视觉冲击力。

（3）深沉厚重。字体造型规整，具有重量感，庄严雄伟，不可动摇。

（4）欢快轻盈。字体生动活泼，跳跃明快，节奏感和韵律感都很强，给人一种生机盎然的感受。

（5）苍劲古朴。这类字体朴素无华，饱含古韵，能给人一种对逝去时光的回味体验。

（6）新颖独特。字体的造型奇妙，不同一般，个性非常突出，给人的印象独特而新颖。

在视觉传达的过程中，文字作为画面的形象要素之一，具有传达感情的功能，因而它必须具有视觉上的美感，能够给人以美的感受。字型设计良好，组合巧妙的文字能使人感到愉快，留下美好的印象，从而获得良好的心理反应。(如图 2.7)反之，则使人看后心里不愉快，视觉上难以产生美感，甚至会让观众拒而不看，这样势必难以传达出作者想表现出的意图和构想。

图2.7　不同字体的个性特征

方正字体设计大赛获奖作品

方正字体设计大赛简介

自2001年6月举办以来，“方正奖”中文字体设计大赛至今已成功举办了五届，每两年举办一届，意在将古老的汉字文化和现代设计理念、手法相结合，以促进中文字体的创新，丰富中文字体的种类，提高中文书刊、报纸等各种印刷品的质量，藉此推动中文电脑字体设计的发展，同时也希望通过活动的举办吸引更多的书法爱好者、字体设计者及普通大众关注在计算机时代下中文字体的传承与发展，为计算机字体的丰富提供更多的思路与灵感。

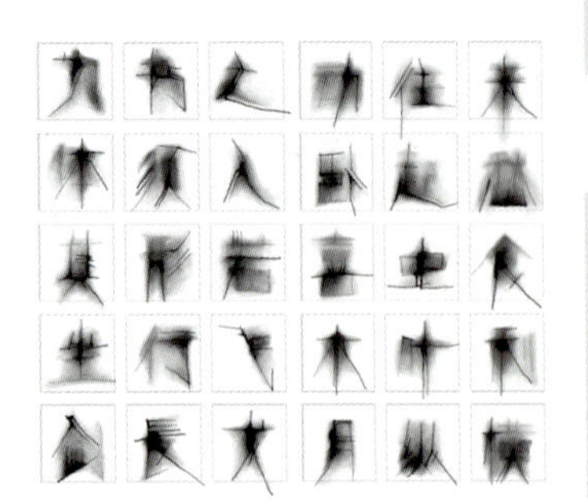

倪初万　笔墨的表情
第二届方正杯印刷字体设计比赛一等奖

高斐——鸿雁体
第四届方正杯印刷字体设计比赛二等奖
评委评语
余秉楠：
如雁飞翔，飞翔不见雁。如篆古朴，古朴却新颖。给人留下了丰富的想象空间。

唐一鸣　魑魅体
第三届方正杯印刷字体设计比赛一等奖
他的“魑魅体”像一个个黑洞，仔细盯着久了觉得整个人都要被吸进去。

韦薇　月光体
第四届方正杯印刷字体设计比赛一等奖　2007年
评委评语
靳埭强：
这款字体折纸光影的原理，利用垂直、水平与斜线，深浅、明暗的不规则弧度，营造有个性和趣味的富创造性的字体，值得奖励。
徐冰：
作者的想象力超越于一般字体设计的范围，灵感来自于屏幕时代的特殊经验。
余秉楠：
由虚入实，恬静而动。如月光倾泻神州，尽得诗情画意。

察身而不敢诬
奉法令不容私
尽心力不敢矜
遭患难不避死
见贤不居其上

该款字体通篇整齐划一，横排、竖排效果俱佳，不失趣味的同时，也增强了易读性。藏意汉体可用于凸显神秘感的文字部分，或者用于少数民族文字和汉字搭配使用时。在环保、地域风情、招贴、包装等领域，也具有广泛的用途。

为书之动往来
体须入卧起愁
其形若喜虫食
坐行飞木叶利
剑长戈月纵横
强弓硬有可象
矢水火者得谓
云雾日矣，。

三等奖　颜小武——颜氏宋体

评委评语

朱志伟：

有一种厚重的历史感，能联想到古代衙府的匾额对联，大跃进及文革时期的标语口号，也能感受到颜体影响的。

为书之动往来
体须入卧起愁
其形若喜虫食
坐行飞木叶利
剑长戈月纵横
强弓硬可有象
矢水火者得谓
云雾日矣，。

评审委员奖

王敏　徐孝文——幻影

灵感来源于几种灯光照射下字体形成的影子，如幻象般，朦胧充满美意。作品力求将字体写意出来，将这种梦幻般感觉传递。

评审委员奖

刘子超——人之出

评委评语

李少波：

虚实互左、黑白相映，汉字的整体美不再是重点，各种笔划细节在空间中游走，或前或后、或左或右。有点现代、有点古韵、有点数码、有点水墨，有点厚重，有点写意……

为书之动往来
体须入卧起愁
其形若喜虫食
坐行飞木叶利
剑长戈月纵横
强弓硬有可象
矢水火者得谓
云雾日矣，。

评审委员奖

姜楠——气质宋

李少波：

以宋体为变形的基础。对部分笔划进行夸张处理，从而取得了一种奇特的效果。细细品味，其中既有雕版意趣，又不拘泥于古典风格的范式。笔划与字身的高低错落构成了这幅作品的核心。文字横排后，微微的起伏波动与撇捺笔划的拉长处理使得文本变得雅致而生动。

李江——简仿篆

李少波：

这件作品一改篆书惯有的文弱气息，而以磅礴的气势取而代之，然而气势之下仍保留了篆书行云流水般的意韵。

王祺闳——透视体

李少波：

将重心下调，既而又把笔划方向打乱，步步皆为大忌，然而细看又觉得并非不可，真可谓是险中求稳，乱中取胜。

进行一组汉字印刷字体设计练习，加深对印刷汉字笔划、结构的认识。

2. 民族文字字体

中华民族是一个多民族的大家庭，除了汉字字体创设以外，字体工作者还为少数民族文字创设出新的黑体和白体（笔划较细的一种印刷字体）印刷字体。印刷品中常用的民族文字有：蒙古文（如图2.8）、朝鲜文（如图2.9）、维吾尔文、哈萨克文、藏文（如图2.10）等。

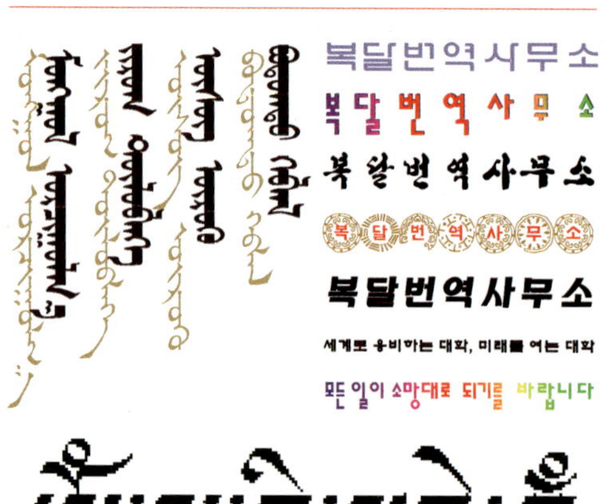

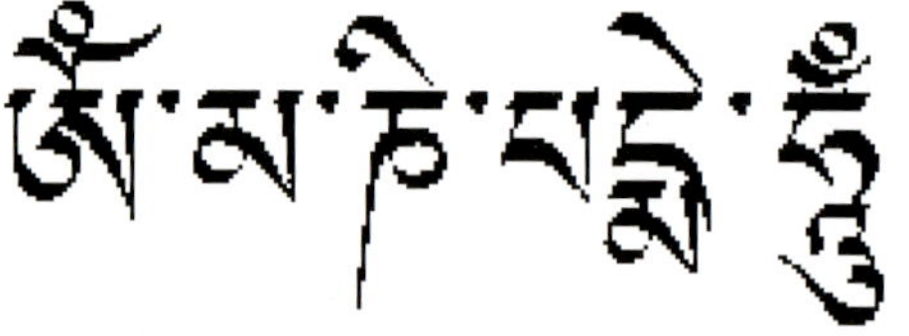

图2.8 蒙古文
图2.9 朝鲜文
图2.10 藏文

3. 外文字体

在印刷外文书刊和中文科技书刊时，使用外文字体。在外文中使用最多的是拉丁文，也有斯拉夫文、日文、阿拉伯文等东方文字。外文字体一般分为白体与黑体，白体用于印刷正文，黑体用于标题（如图2.11）；在字面形式上又分为正写（又称正体）与斜写（又称斜体）两种，拉丁文中还有手写体，德文中还有花体，在少数场合用于词头；日文与汉字相同都是方块字形（如图2.12），其字体有：明朝体、黑体等。

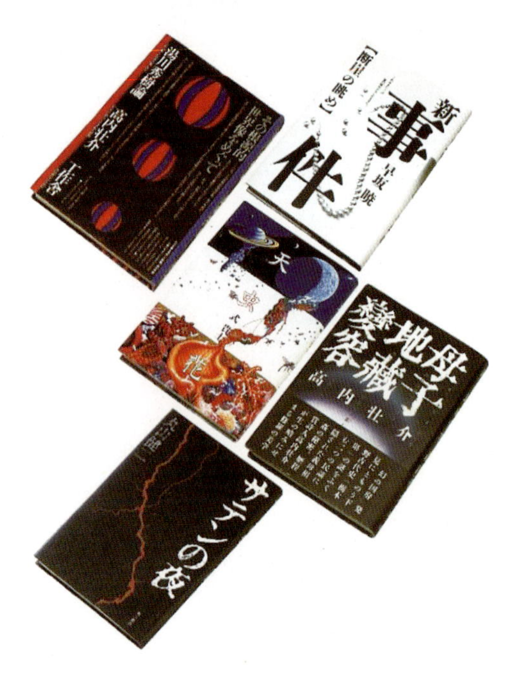

图2.11 外文黑体印刷
图2.12 日文标题字体

课后练习

进行一组英文字印刷字体设计练习。注意体会不同的英文字体产生的不同的视觉效果。（如图2.13）

图2.13　学生作业（蔡强、胡伟、熊俊、张巧、陈忱、吴萌、张倩）

4. 文字的大小

文字的字号是指文字的大小（如图2.14）。我们对文字大小采用以“号数制”为主，“点数制”为辅的原则来进行度量。例如，在北大方正电子出版系统中，特大号（11号）以下的字都采用号数制来称谓，如4号字、5号字，而特大号以上的字则采用点数制来称谓，如84P、72P等。

点制又称磅，是由英文Point翻译的，缩写为P，是通过计量单位“点”为专用尺度，来计量字的大小。1P等于0.35毫米，如五号字为10.5点，即3.675毫米。外文字大小都以点来计算。

重点提示：对于书籍、宣传页等近距离观察的印刷品，正文的大小不要超过12号。正文字的颜色选择单色黑100进行印刷，不要用多色字，避免产生重影现象。

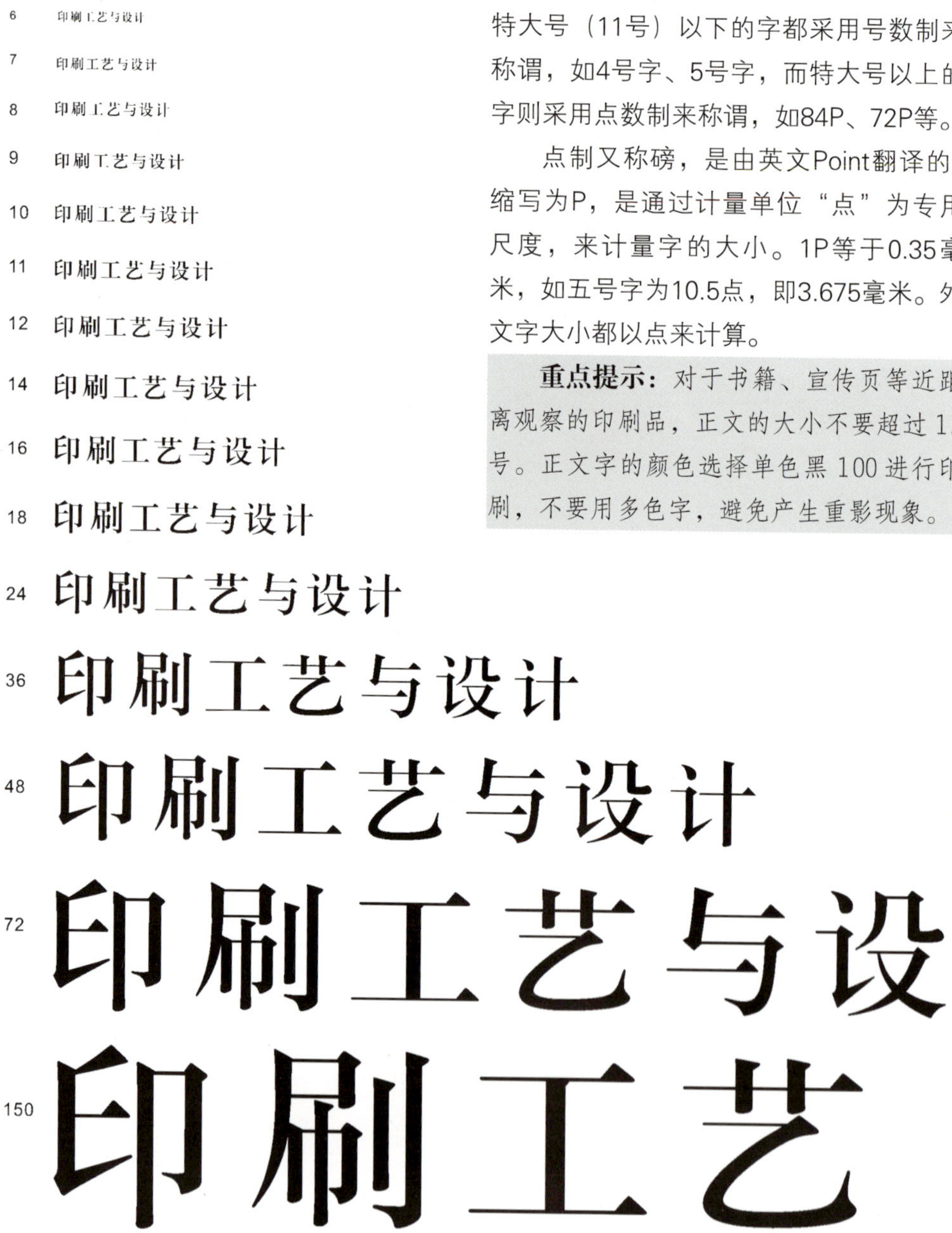

6 印刷工艺与设计
7 印刷工艺与设计
8 印刷工艺与设计
9 印刷工艺与设计
10 印刷工艺与设计
11 印刷工艺与设计
12 印刷工艺与设计
14 印刷工艺与设计
16 印刷工艺与设计
18 印刷工艺与设计
24 印刷工艺与设计
36 印刷工艺与设计
48 印刷工艺与设计
72 印刷工艺与设
150 印刷工艺

图2.14 文字的字号

二、计算机汉字输入输出方法

在计算机排版系统中，汉字的输出方法，基本上是两种，即采用点阵式存储方式（如图2.15）和矢量存储（如图2.16）方式，进行文字字体的图像发生。

图2.15　点阵式位图存储

图2.16　矢量存储

点阵式存储是将文字纵横分割成网格，各网格作为一个点在显示器上显示，如果用这种方式把文字分割越细，则印出的文字质量越高，但信息量就很多，在高速处理时费用也很高。

为解决这个问题，采用把文字的边缘的轮廓线进行分解，用各轮廓线的始点、方向、长度等的信息存储方式，这种方式就叫矢量方式。它比点阵方式精度高，对每个文字的存储容量有利。同时，这种方法对文字的放大、缩小也容易。

三、文字版面设计与排版

1. 版面设计

排版时应根据版面设计要求进行操作。以书刊为例，设计主要确定下列内容：开本大小；排版形式横排或竖排；正文的文字字体和大小；每行的字数；字与字之间的空隙；栏数；每栏的行数；行的间距；栏的间距；页码的位置，文字字体及大小；标题的位置，文字字体及大小；书眉的位置，文字字体及大小；铅线的位置，长度及种类。

2. 文字排版中的规则和禁排

在文字排版中要注意一般的禁排规定。如每段开头要空两个字位；在行首不能排句号、逗号、顿号、分号、冒号、问号、感叹号，以及下引号、下括号、下书名号等标点符号，在行末则不能排上引导、上括号、上书名号以及中文中的序码，如①、②等；数字为分数，年份，化学分子式，数字前的正负号，温度标记符号，以及单音节的外文单词和其他一些情况，都不应该分开排在上下两行。

练习： 文字的输入，锻炼文本录入的速度与准确性，注意文字输入规范。

建议课时： 1 课时

第三节　图像数字化处理

印刷工艺对图像的处理复制，建立在印刷图像的数学建模基础之上，要得到精美印刷的图片，首先要得到适合印刷的高精度电子图片。

分辨率

我们通常所看到的分辨率都以乘法形式表现的，比如1024×768，其中“1024”表示屏幕上水平方向显示的点数，“768”表示垂直方向的点数。显而易见，所谓分辨率就是指画面的解析度，由多少像素构成数值越大，图像也就越清晰。“分辨率”指的是单位长度中，所表达或撷取的像素数目。

当选择扫描分辨率对图像进行扫描时，扫描分辨率越高，图像数据越多，图像文件才可能更清晰，但是也不是分辨率越高越好，高分辨率的图像文件太大将使其处理起来非常麻烦。用合适的分辨率扫描不仅可以获得清晰的图像，还可以用最小的图像文件或最低的扫描分辨率制作出最佳的复制品。

在选择分辨率前，先考虑图像的输出：

数字显示——任何将在电脑显示器上显示的图像，图像应当设在72dpi分辨率，因为电脑显示器的分辨率只有72dpi。

打印机打印——打印机一般需要300dpi的图像才能得到最佳的清晰度。

商业印刷——照片和插图等连续色调图像被转换成半色调图像时，其扫描分辨率要根据网屏的lpi值来决定。当扫描半色调输出时，图像的扫描分辨率dpi值应设置为网线数的lpi值的两倍。例如，如果将用150dpi的网屏（杂志标准）复制照片，图像应用300dpi的分辨率扫描。但是如果这张照片出现在报纸上，半色调网屏一般为85lpi，扫描分辨率就应设置为170dpi。

重点提示：某图片分辨率为600×600dpi/像素/英寸，那么，它现在的尺寸就可放大至一倍以上使用也没有问题。如果分辨率为300×300dpi，那么它就只能缩小或是原大，不能再将其放大。如果图片分辨率为72×72dpi/像素/英寸，那么必须将其尺寸缩小，（dpi精度相对会变大），直至分辨率变为300×300dpi，才可使用。

原稿分析与挂网

图画原稿按其阶调变化情况，可以分成两大类：一类是线条、色块原稿，如钢笔划、版画、图案花纹等；另一类是有晕染层次变化的连续调原稿，如油画、水墨写意画、水彩画及摄影图片等。线条原稿照相制版比较容易。连续调原稿的制版就必须通过过网，把阶调连续变化的图像分解成许许多多的“像素”（即网点），利用网点大小（凹版是网坑的深浅）来表现原稿阶调的明暗变化（如图2.17）。无论是黑白原稿，还是彩色原稿，只要是具有晕染层次变化的，制版之前必须要过网。

现代过网技术大体经过了玻璃网屏（又称网目版、网线版）过网，接触网屏过网和电子激光过网三个发展阶段。

随着电子分色机的应用日益广泛，原来的照相分色、过网，也逐渐被电子激光过网所取代。激光过网比网屏网点反差高，虚边少，传递性更好。进入20世纪90年代以后，照相过网日益被电子分色激光过网和彩色桌面出版系统过网所取代，接触网屏过网就日益减少。

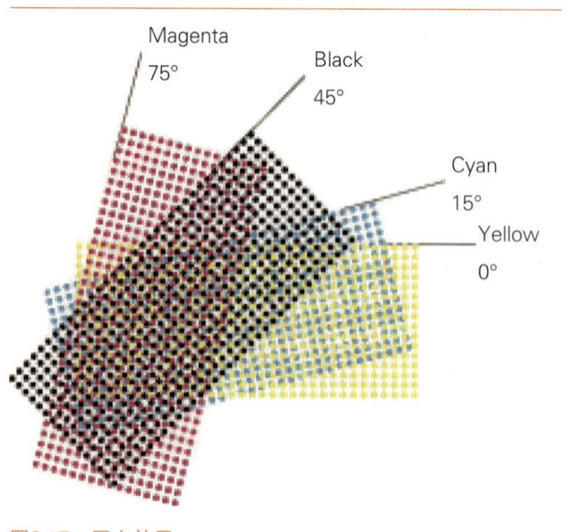

图2.17　网点效果

重点提示：在印刷类平面设计中，分辨率的设置必须根据设计和印刷工艺的要求，特别是印刷所用的承印材料（多为纸张）等多种因素来确定，并不是任何图片都一定要调到最高分辨率。如报纸印刷的网线比精美画册要低，它们对图像文件的分辨率的要求也不一样。如果将用新闻纸印刷的报纸上的图片分辨率调至与用铜版纸印刷的画册相同的分辨率，不仅毫无意义，反而导致印刷糊版。

印刷类电脑平面设计中对不同对象的分辨率的设置如下（如图 2.18）：

1. 一般新闻纸、胶版纸印刷的彩色或黑白报纸印刷网线为 60—100 线，设计分辨率在 120—200dpi。

2. 一般采用胶版纸、画报纸、铜版纸、卡纸、白板印刷的彩色图片，如书封、画报、产品广告等，印刷网线达 150 线，设计分辨率为 300dpi。

3. 高档书籍、精美画册、高档广告印刷品，采用高档铜版纸印刷，印刷网线可达 175 线以上，设计分辨率为 350dpi。

4. 精品珍品图书或特殊有价证券、特殊纸币等，设计分辨率可用 400dpi。

图像文件格式

◆ GIF 的原义是“图像互换格式”，GIF 文件的数据，是一种基于 LZW 算法的

图2.18 不同分辨率显示效果

连续色调的无损压缩格式。其压缩率一般在50%左右，它不属于任何应用程序。目前几乎所有相关软件都支持它，公共领域有大量的软件在使用GIF图像文件。

◆ BMP是一种与硬件设备无关的图像文件格式，使用非常广。它采用位映射存储格式，除了图像深度可选以外，不采用其他任何压缩，因此，BMP文件所占用的空间很大。

◆ JPG全名应该是JPEG，JPEG图片以24位颜色存储单个光栅图像。JPEG是与平台无关的格式，支持最高级别的压缩，不过，这种压缩是有损耗的。

◆ PNG的原名称为“可移植性网络图像”，是网上接受的最新图像文件格式。PNG能够提供长度比GIF小30%的无损压缩图像文件。由于PNG非常新，所以目前并不是所有的程序都可以用它来存储图像文件，但Photoshop可以处理PNG图像文件。

◆ TIFF标签图像文件格式是一种主要用来存储包括照片和艺术图在内的图像的文件格式。TIFF与JPEG和PNG一起成为流行的高位彩色图像格式。

◆ TGA的结构比较简单，属于一种图形、图像数据的通用格式，在多媒体领域有着很大影响，是计算机生成图像向电视转换的首选格式。

◆ EMF是微软公司为了弥补使用WMF的不足而开发的一种Windows 32位扩展图元文件格式，也属于矢量文件格式，其目的是欲使图元文件更加容易接受。

◆ PCX格式是一种经过压缩的格式，占用磁盘空间较少。由于该格式出现的时间较长，并具有压缩及全彩色的能力，所以现在仍比较流行。

◆ EPS文件格式又被称为带有预视图像的PS格式，EPS文件虽然采用矢量描述的方法，但亦可容纳点阵图像，只是它并非将点阵图像转换为矢量描述，而是将所有像素数据整体以像素文件的描述方式保存。EPS文件是目前桌面印前系统普遍使用的通用交换格式当中的一种综合格式。就目前的印刷行业来说，使用这种格式生成的文件，拿到哪里都不会出什么问题，大部分专业软件都会处理它。EPS文件给我们进行文件交换带来很大的方便。

图像文件分类

位图/光栅图像文件格式（如图2.19.1）。

位图图像格式采用数据点边式像素点，常见的位图图像格式包括：用于支持图像捕捉硬件的TGA格式、基于PC绘图程序的PCX格式、用于在台式排版类应用以及其他应用之间进行数据交换的TIFF格式、用语在网上进行图形数据在线传输的GIF格式、用于网络上传输图像数据的PNG格式、用于显示或者保存WINDOWS系统下图像的BMP格式、用于保存或者显示照片类图像的JPEG格式、用于保存视频/音频序列的AVI文件、用于保存或者交换天文图像的FITS格式等。

矢量文件格式（如图2.19.2）。

矢量文件格式不是以像素点为单位描

图2.19.1　位图文件格式

图2.19.2　矢量文件格式

述图像，而是以向量为单位描述图像。常见的矢量图形文件格式包括：用于交换CAD绘图数据的DXF文件、用于打印机输出及对象存储和交换的EPS格式、用于控制笔式绘图仪以及激光打印机的HPGL格式、用于在WINDOWS系统下保存和交换图像的WMF格式、用于保存WordPerfect软件中图像图形的WPG格式、用于UNIX图像绘制程序的通用格式UnixPlot等。

矢量图与位图的根本区别

矢量文件格式仅存储原始图像中的图形结构，例如线段、弧、圆以及文字等，而不单独存储图像中每个独立像素点的值。因此这种图像文件格式中存储的图像内容实际为一系列的绘图命令，指示应用程序如何操作，从而形成原始图像。由于这类文件格式只存储图像中的图形结构信息，而忽略其他的空白部分，因此这类文件结构比位图文件更紧凑。

颜色模式

颜色模式：将某种颜色表现为数字形式的模型，或者说是一种记录图像颜色的方式。分为：RGB模式、CMYK模式、HSB模式、Lab颜色模式、位图模式、灰度模式、索引颜色模式、双色调模式和多通道模式。

第四节　图文排版软件

一、位图处理软件

photoshop（如图2.20）

photoshop是最基本的一个软件，对于图像的处理有着其他软件无法比拟的优势，但它毕竟只是一个点阵图的编辑软件，无法在真正意义上的编辑矢量图。

二、矢量图编辑软件

矢量图的编辑软件主要有：corelDRAW、AI和Freehand等。

corelDRAW（如图2.21）

由于现在包括在制版、样本设计业pc机是主流配置，所以corelDRAW是用的很多的，尤其是在样本设计这一块。

corelDRAW的功能的确是非常的强大，基本上可以用photoshop和corelDRAW做出任何的效果，而且它的文字是可以转曲线的，方便输出。但是，正因为它的功能、效果很多，在设计的时候没什么问题，但在输出的时候很容易出问题，有很多在coreIDRAW中做的效果在输出过程中是没有办法通过的，而且这种输出上的问题要仔细的检查才能发现，如果在印后才发现，那么损失就大了。

AI（如图2.22）

AI和photoshop一样也是Adobe的产品，所以两个软件的“无缝接合”做的相当好。它也可以把文字转为曲线，甚至可以把文本框里的文字也转掉，这个功能它要coreIDRAW的强大。它兼容的软件也很多，10版本能很好地直接打开coreIDRAW做的文件。但是对于一些特殊效果，比如透明效果在输出时也有很多问题。

Freehand

由于Freehand软件在PC机上的表现不是很好，稳定性比较差，所以在PC机上很少有人用。但是它在MAC上的稳定性是无可比拟的，也就是说用它做出来的东西是很少出错。和AI一样，它也可以把文档中的任何字体都转换成曲线。

以上三个软件占据了平面设计这一行业的大半江山。

三、其他软件

Pagemake（如图2.23）

PageMaker提供了一套完整的工具，用来产生专业、高品质的出版刊物。它的稳定性、高品质及多变化的功能特别受到使用者的赞赏。Pagemake可以说是一款单纯的拼版软件，它不能做任何的效果。

Indesign（如图2.24）

Adobe公司1999年9月1日发布的

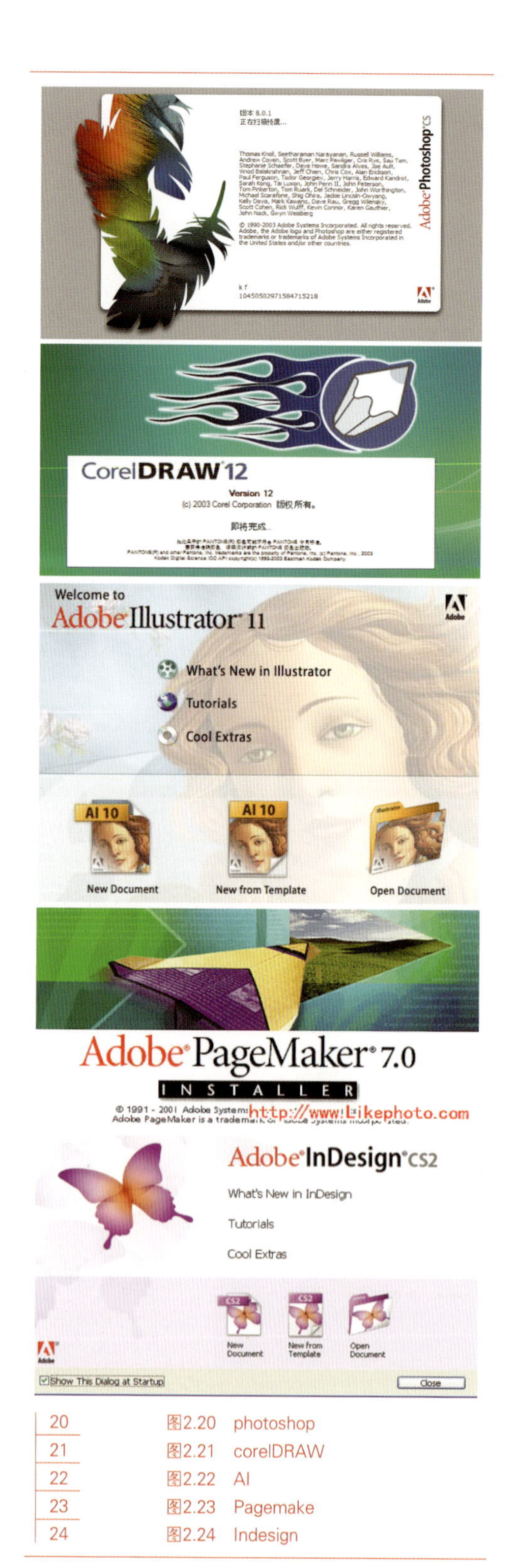

20　图2.20 photoshop
21　图2.21 coreIDRAW
22　图2.22 AI
23　图2.23 Pagemake
24　图2.24 Indesign

InDesign是一款排版设计软件，可以说是Pagemake的升级版。Adobe InDesign整合了多种关键技术，包括现在所有Adobe专业软件拥有的图像、字型、印刷、色彩管理技术。通过这些程序Adobe提供了工业上首个实现屏幕和打印一致的能力。

方正的维思和飞腾

飞腾排版软件支持各种标准，是开放式的中文排版软件。稳定性很强，只要文件正确，输出的时候就绝对不会错。在编排文字上有绝对优势，国内的报业基本上用的方正飞腾，国外一些要用很多文字的报纸、杂志等也有很多公司用的是它。它的缺点在于设计制作的时候通过屏幕显示，颜色很失真。

第五节　图像调整与电脑屏幕校正

一、显示器显示与印刷四色叠加

菲林所对应的打样最接近印刷成品。电脑屏幕显示的印品效果比实际的印品明亮许多，不能作为同等的参照物，所以要以印刷打样为准。

显示器与彩印纸品的色彩形成截然不同。显示器应用红、绿、蓝的三原色原理发射光线形成图像，这种色彩形成的原理被称为RGB（如图2.25），色彩叠加原理（如图2.26）被广泛应用于电视和电脑显示器上。

彩色印品是把红、黄、蓝、黑四色油墨印制在纸制品上来形成彩色图像，这种原理被称为CMYK，色彩叠加原理如图2.27，它被广泛应用于四色胶印技术。

25
26　27

图2.25　色彩成像原理
图2.26　显示器RGB色彩叠加原理
图2.27　印刷减色原理

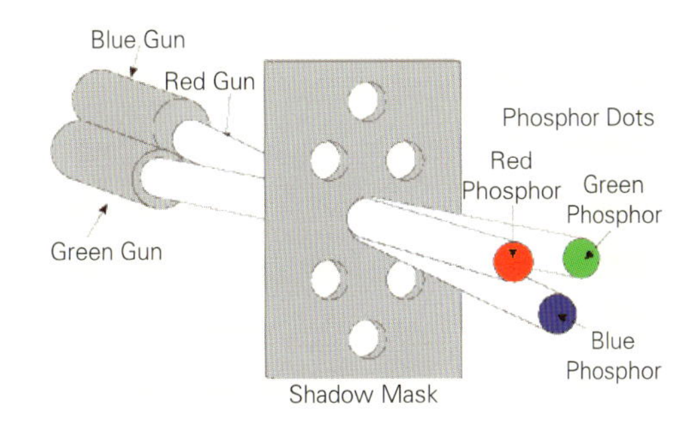

另外一个重要原因造成电脑显示与印刷品的明显差异，即显示器的色彩标准。如果电脑显示器未能正确进行校色，那么电脑显示效果也会与已正确校色的电脑显示器有较大的差别。所以请专业技术人员及时调整显示效果，也是很有必要的。

另外，印刷材料的不同也会使印刷效果呈现差别。通常来讲：铜版纸比胶版纸的印刷效果色彩鲜亮得多。

二、图像的色彩调整

在具体操作上，如果是彩色连续调图像（如从电脑中调出的图片或设计者收集拍摄的照片等）要保证其颜色的还原，应做到以下几点：

（1）扫描色彩校正和层次的优化调整后输入电脑，由RGB模式转换到CMYK模式，这是个分色过程，其分色参数要符合印刷系统的设备特征，直接采用印刷的分色参数进行分色的文件可以用于输出。

（2）在CMYK色空间中，对图像中的一些关键色（如肤色、天蓝等）的CMYK值进行修正，以保证印刷时的色彩再现。在进行关键色调整时不能以屏幕色为准，应以印刷色标册上相应色为准，最好是记住常用关键色的C、M、Y、K颜色值，并把图像中的相应色调整到这个颜色值附近。要准确校正关键色，最好不断记录熟悉所看到的常用颜色及它们CMYK颜色值（如图2.28）。

（3）如果是对图形和文字进行着色处理，为了使印刷时有准确的颜色外观，须在印刷色标册上选定需要的颜色，并用其相应的CMYK颜色值组合对图文对象进行设定。这样无论屏幕上显示的是什么颜色外观，也不管输出、印刷过程有多复杂，这些图文的颜色外观就有了基本保证，其最终印刷品的颜色效果由CMYK成分比例来决定，和屏幕上所见到的颜色无关，屏幕色只是CMYK组合色的一个代号。

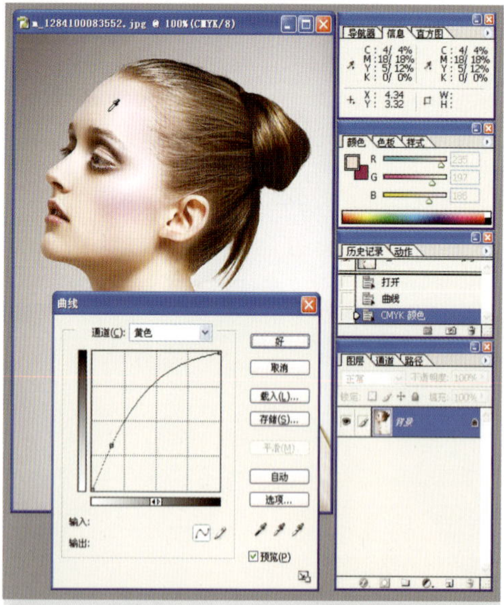

图2.28　皮肤色彩校正

在对图像进行校色的时候，不能依据电脑的显示效果进行判断，而应该在photoshop中的信息面板上查看CMYK的值，并熟悉常用的颜色的数值，例如皮肤的数值等，再利用曲线命令分别对CMYK分通道调整，并随时注意观察信息面板上CMYK的数值。

印刷色彩

印刷品中分为单色印刷、彩色印刷。单色印刷是只限于一种颜色的印刷方式。彩色印刷则可以印全彩色图片。彩色印刷大都采用分色版体现各种色相，分色版多由红（M）、黄（Y）、蓝（C）和黑（K）四色网线版组成。分色版色稿的色相可依据分色原理，直接用文字标明色谱中CMYK的网点成数即可。在需要特殊的色彩时，就须使用这四色以外的特制色，设置专色版。专色版的色彩标识可指定色谱中的某色相，专门调试。

印刷色表示法

油墨印刷色彩，一般有两种方法：

（1）使用四色油墨的印刷色，混合网点和重叠印刷。

（2）混合印刷的油墨，调制出专色，即使用专色印刷，用实色或网点表现色彩。这两种方法的色彩指定和制版方法在印刷设计上都不相同。

1. 单色印刷的灰度

单色印刷中，最深的实底是100%；白是0%，其间不同的深浅灰调用不同的网点制成，即利用百分比控制（如图2.29）。为了便于阅读，通常在50%至100%的深灰色调上应用反白字，而50%至0%之间则用黑字，但也应根据单色的不同而酌情考虑。

2. 彩色印刷的四色标注

彩色印刷是用红、黄、蓝、黑四色印刷产生千变万化的色彩。它可以利用分色制版印刷色彩。但设计中所期望的文字或图形的色彩则可以利用色标查阅每一种颜色的CMYK数值。但是某些特殊的颜色如金色、银色及荧光色等不能由四色油墨叠印组成，必须用专色版的专色油墨印出。

专色印刷

专色印刷是指采用黄、品红、青、黑四色油墨以外的其他色油墨来复制原稿颜色的印刷工艺（如图2.30）。包装印刷中经常采用专色印刷工艺印刷大面积底色。

专色印刷所调配出的油墨是按照色料减色法混合原理获得颜色的，其颜色明度较低，饱和度较高；墨色均匀的专色块通

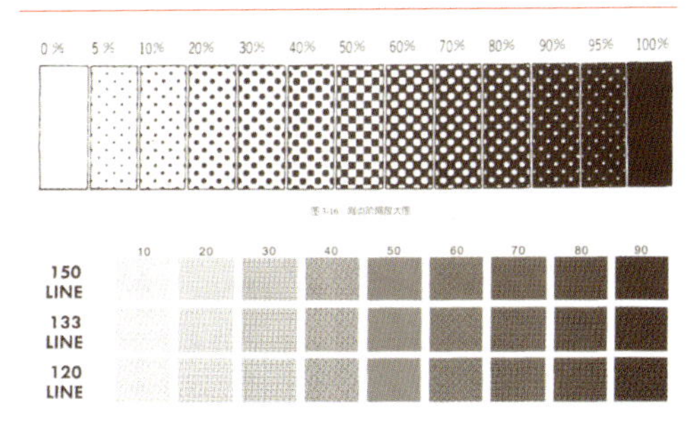

图2.29　网点百分比

图2.30　PANTON专色色谱

常采用实地印刷，并要适当地加大墨量，当版面墨层厚度较大时，墨层厚度的改变对色彩变化的灵敏程度会降低，所以更容易得到墨色均匀，厚实的印刷效果。

从经济效益的角度考虑，主要看采用专色印刷工艺能不能节省套印次数。因为减少套印次数既能节省印刷成本，又能节省印前制作的费用。

如果某个产品的画面中既有彩色层次画面，又有大面积底色，则彩色层次画面部分就可以采用四色印刷，而大面积底色可采用专色印刷。这样做的好处是：四色印刷部分通过控制实地密度可使画面得到正确还原，底色部分通过适当加大墨量可以获得墨色均匀厚实的视觉效果。这种方法在高档包装产品和邮票的印刷生产中经常采用，但是由于色数增加，也使得印刷制版的成本增加。

视觉效果区别：

专色印刷所调配出的油墨是按照色料减色法混合原理获得颜色的，其颜色明度较低，饱和度较高：墨色均匀的专色块通常采用实地印刷，并要适当地加大墨量，当版面墨层厚度较大时，墨层厚度的改变对色彩变化的灵敏程度会降低，所以更容易得到墨色均匀，厚实的印刷效果（如图2.31）。

采用四色印刷工艺套印出的色块，由于组成该色块的各种颜色大都由一定比例的网点组成，印刷网点时，墨层厚度必须受到严格的控制，容易因墨层厚度的改变及印刷工艺条件的变化引起色强度改变。

图2.31　专色印刷海报

网点扩大程度的变化，从而导致颜色改变。

三、影响印刷色彩因素

印刷呈色很复杂，同一组CMYK颜色值会因为使用的纸张、油墨、印刷设备、印刷控制参数及印刷工人的不同而不同。

第六节 印刷菲林输出注意事项

1. 文件的格式与字体

尽量选用pagemaker、corelDRAW等一系列专业设计、排版软件，像word等尽量不用。如果采用pagemaker、维思、方正书版、illustrator、蒙太，则必须将其链接图片文件和源文件一并拷贝。

字体最好采用常用字体，如方正、文鼎。尽量不使用少见字体。如已使用，corelDRAW和illustrator先将文字转换为曲线方式，就可避免因输出中心无此种字体而无法输出的问题。如有补字文件，必须将补字文件一并拷贝。

2. 关于图片的格式、精度

现代胶印采用的都是四色套印，也就是将图片分成四色：青（C）、品（M）、黄（Y）、黑（K）四色网点菲林，再晒成ps版，经过胶印机四次印刷，出来后就是彩色的印刷成品。所以，印刷用图必须转换为CMYK模式，而不能采用RGB模示或是其他模式。

另外，输出时要将图片转换为网点，也就是精度dpi，印刷用图片理论上精度最小要达到300dpi/像素/英寸，所以采用的图片不能以显示为准，一定要经过photoshop打开，用图像大小一项来确认其真正精度。

3. 四色字

四色字问题也是较为常见的问题，输出前必须检查出版物文件内黑色字，特别是小字，是不是只有黑板上有，而在其他三色版上不应该出现。如果出现，印刷出来的成品质量会大打折扣，RGB图形转为CMYK图形时，黑色文字一定会变为四色黑，必须将其处理成单色100%黑，才可以输出菲林。

4. 输出时的挂网精度

挂网精度一般称为挂网目，挂网的精度越高，印刷成品就越精美，但与纸张、油墨等有较大关系。如果你在一般的新闻纸（报纸）上印刷挂网目高的图片，那么，该图片不但不会变得更精美，反而会变得一团糊，所以应明确告之输出中心印刷物的成品尺寸、印量、印刷用纸等，以方便拼版以及挂网。

重点提示：一般进口铜版纸或不干胶等挂网精度为175~200线；进口胶版纸为150~175线；普通胶版纸为133~150线；新闻纸为100~120线，以此类推，纸张质量越差，挂网目就越低，反之亦然。

5. 共用菲林，节约成本

如两页内容相同，只是黑色文字部分不同，那么只需输出第一页的CMYK四色，以及第二页的K色即可，避免浪费。另外，如果只有两色（如红黑）并且印刷要求并不高，只需将其在一色版内同时输出，并不需要分成二。

6. 出血

“出血”指的是对于图像边缘有正好与纸的边缘重合的版面，在印刷设计时应

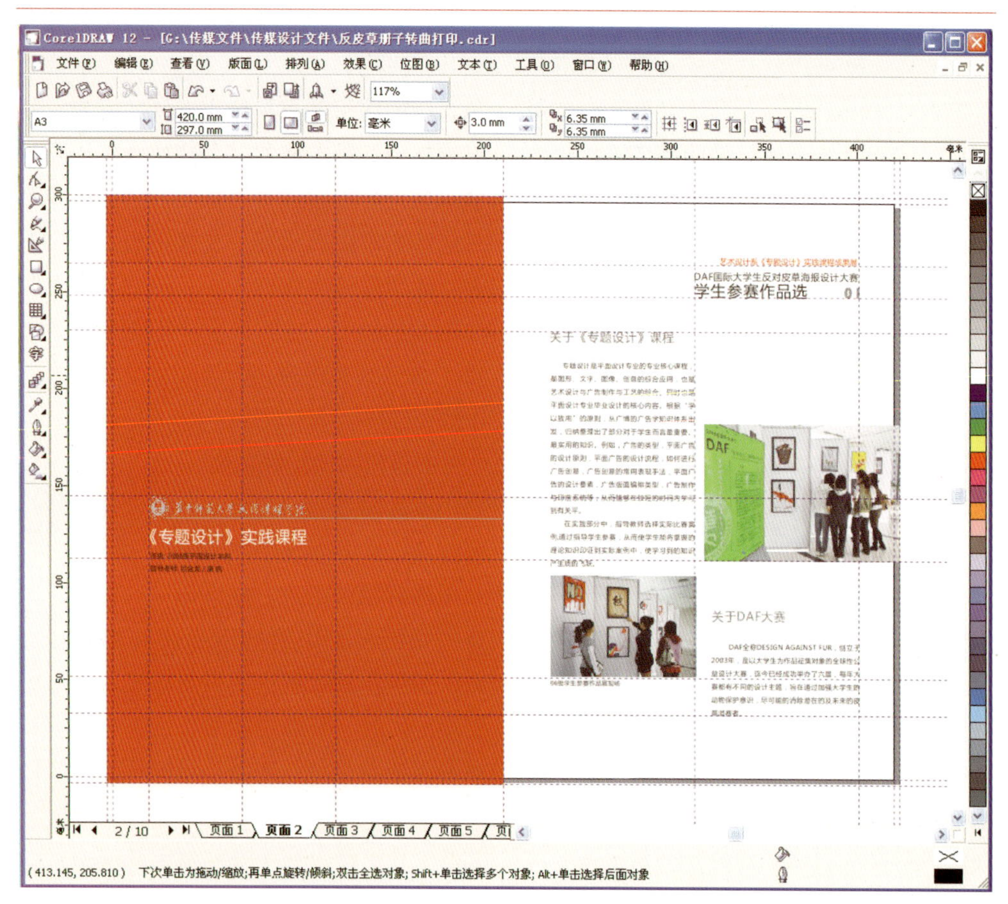

图2.32　出血线的制作

超出裁切边缘3mm，作印后裁切误差之用。（如图2.32）

重点提示： 当作品边缘与承印材料边缘重合时，应给设计文稿留出约3mm的出血位，在印刷原稿中加上出血位，并绘制出血线。如果不做这样的出血处理，印成品上可能会在纸的边缘与印刷图像边缘之间留下白边。

7. 原色与专色

原色是指C、M、Y、K及其叠印色，又叫印刷色；专色是指印刷前预先混合而成的特定色油墨，如珍珠蓝、荧光黄等，它不是靠CMYK叠印出来的颜色。

在设计时是用CMYK四色印刷还是专色印刷，应从以下三个方面来考虑：

（1）一般情况下，尽量使用原色，避免使用专色，原因有两个方面：一是四色印刷可以组合出大部分的任意色，从而给设计师本人提供最大的设计自由；二是专色油墨多为进口油墨，价格高，在印刷时要专门制作一块印版，单由一个机组走纸一次来完成该色的印刷，会大大增加印刷费用。可如果是简单的专色印刷，如报纸的套红标题等其成本比四色印刷成本要低。

（2）很多知名公司的标志颜色都采用

特定的颜色，必须用专色印刷，如可口可乐的标志上使用的红，就是一种专色（如图2.33），印刷时必须采用专色油墨以专版印刷。另外一些不同寻常的颜色效果，如荧光黄、珍珠蓝等，也需要专色油墨进行专色印刷才能达到效果。

（3）复杂的设计往往需使用专色和原色共同完成印刷复制，如某些印刷要在四色印刷的效果上增加公司的专色标志，就必须加一次或两次的专色印刷，这种印刷费用是相当高的。

图2.33　可口可乐专色印刷

第三章　印刷版式编排与设计

第一节　版式设计的基本步骤
第二节　印刷版式纯文本编排
第三节　文字的基本编排形式
第四节　印刷图版编排

第三章　印刷版式编排与设计

版式［format］，指书刊等的版面格式；所谓版式设计，就是在版面上，将有限的视觉元素进行有机的排列组合，在传达信息的同时，产生感官上的美感（如图3.1—3.5）。

图3.1　包装版式设计
图3.2　画册设计
图3.3　CD包装设计
图3.4　网页设计
图3.5　台历设计

通过对图文的印前处理，图文要经过设计师的精心设计，对图文进行版式编排，才能进行制版和印刷，版式设计的优劣也是影响印刷品效果的一个决定性因素。

第一节　版式设计的基本步骤

1. 分析文本，确定信息层级

版式设计的第一步首先要对文本进行分析，确定哪部分是文本要传达的最重要的信息，哪些是次要信息，哪些是最次信息，在进行版式设计的时候要有意识地通过版式设计将信息层级表现清晰。

2. 确定画面的黑白灰

对文本进行分析确定了信息的层级，一般而言，在版式设计中要将一级层级也就是最重要的信息放在画面中最重要的“黑面”上，也就是为什么报纸在头版的标题上往往选择很粗的黑体，这样就能形成很重的“黑面”，产生较强的视觉冲击力，吸引人的注意力。另外，如果想产生较强的视觉冲击力，要适当地拉大黑白灰的对比度。（如图3.6）

3. 空白空间的处理

空白空间也是版式设计一个十分重要的内容，初学设计的人往往认为“白”就是没有内容，是不需要进行设计的，但是实际上优秀的设计往往都是对空白空间的精心设计和巧妙的应用，空白空间留在哪，留多大，对设计有着十分重要的影响（如图3.7）。

空白空间进行设计要注意以下几点：

（1）空白空间不是指版式中白色的地方，而是指版式中没有图片或者文字内容

图3.6　版式的黑白灰对比度

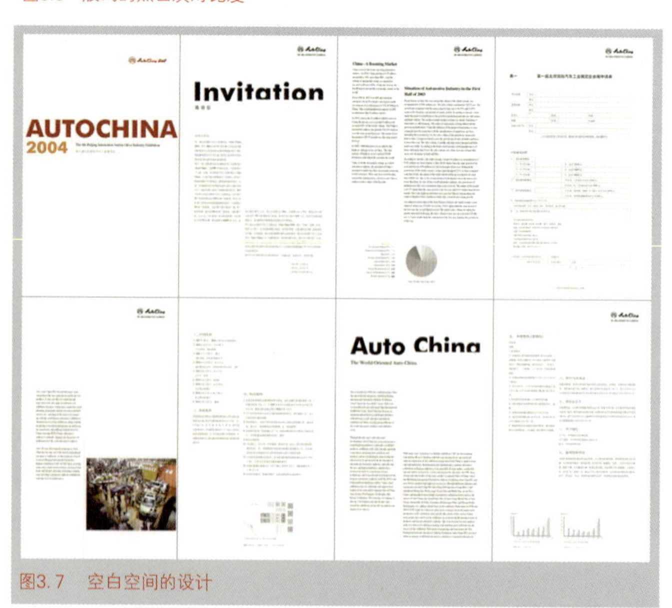

图3.7　空白空间的设计

的地方。

（2）要注意观察空白空间的外形，要想版式能够不乱，只要检查空白空间的型是否规整，空白空间也就是“负形”规整，“正形”自然是规整的，版式的内容编排也就不会乱。

（3）空白空间留的位置要靠近版式中的一级层级，这样就能帮助信息层级清晰，能够成功地将读者的注意力集中到你想表现的一级信息层级上。

第二节　印刷版式纯文本编排

1. 字体、字号的选择

字体的设计、选用是排版设计的基础。中文常用的字体主要有宋体、仿宋体、黑体、楷书四种。在标题上为了达到醒目的效果，又出现了粗黑体、综艺体、琥珀体、粗圆体、细圆体以及手绘创意美术字等，在排版设计中，选择二到三种字体为最佳视觉结果（如图3.8）。否则，会产生零乱而缺乏整体效果。

字号是表示字体大小的术语。计算机字体的大小，通常采用号数制、点数制和级数的计算。点数制是世界流行计算字体的标准制度。“点”：也称磅（P）。电脑排版系统，就是用点数制来计算字号大小的，每一点等于0.35毫米。

重点提示：无论信息量的多少，字体应控制在三种以内，选用三种以上的字体版面会显得杂乱。可以通过改变文字的大小、色彩和装饰手法来丰富画面。

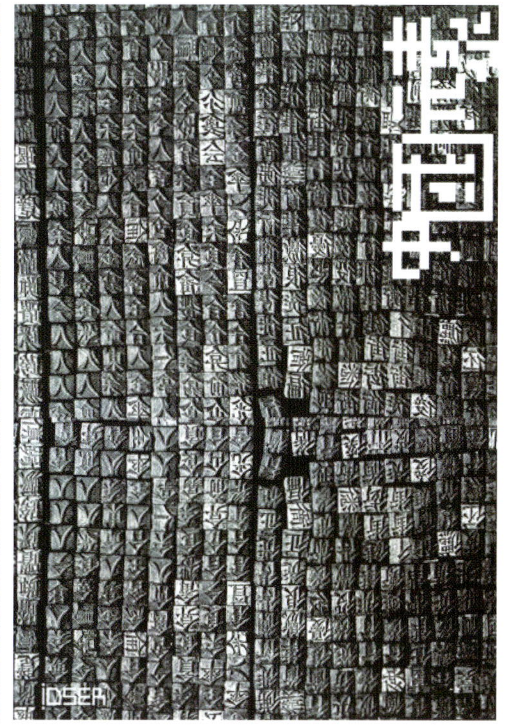

图3.8　不同标题字形成的效果

一般而言，正文的文字大小应在9~11号之间，字体应选择笔划较细、便于阅读的字体，例如宋体、细黑等（如图3.9）。

2. 字距与行距

字距与行距的把握是设计师对版面的心理感受，也是设计师设计品味的直接体现。一般的中文行距在140%到160%之间，字距为0，行距一定要大于字距。

但对于一些特殊的版面来说，字距与行距的加宽或缩紧，更能体现主题的内涵。现代国际上流行将文字分开排列的方式，(如图3.10)感觉疏朗清新、现代感强。因此，字距与行距不是绝对的，应根据实际情况而定。

中文书正文每行排版在20~35个字较为合适，（如图3.11）少于这个长度会使人视线频繁移行，过长也会让阅读者感到疲劳。

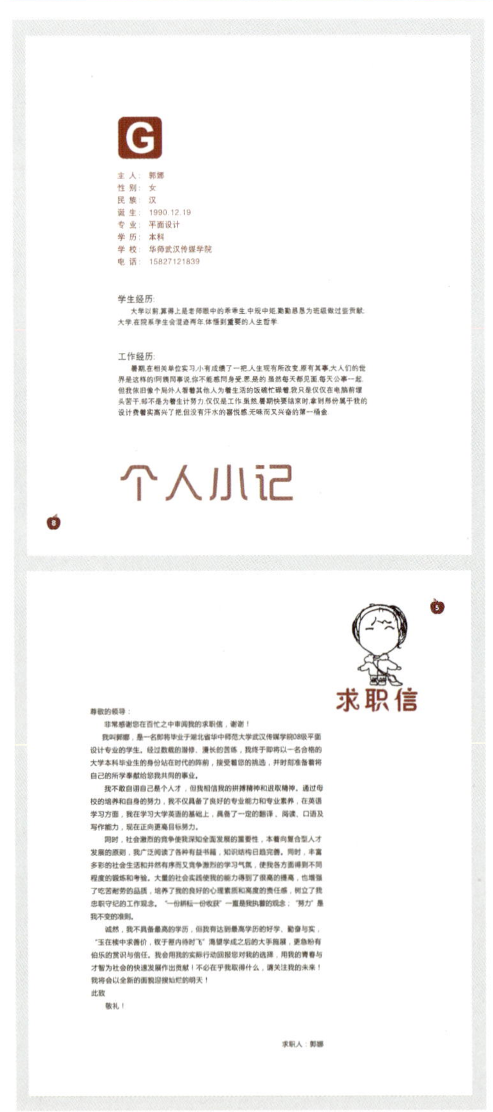

G

主 人：郭娜
性 别：女
民 族：汉
诞 生：1990.12.19
专 业：平面设计
学 历：本科
学 校：华师武汉传媒学院
电 话：15827121839

学生经历：

大学以前，算得上是老师眼中的乖乖生，中规中矩，勤勤恳恳为班级做过些贡献。大学，在院系学生会混迹两年，体悟到重要的人生哲学。

工作经历：

暑期，在相关单位实习，小有成绩了一把，人生观有所改变，原有其事，大人们的世界是这样的!阿姨同事说，你不能感同身受，恩，是的，虽然每天都见面，每天公事一起，但我依旧像个局外人看着其他人为着生活的饭碗忙碌着，我只是仅仅在电脑前埋头苦干，却不是为着生计努力，仅仅是工作，虽然，暑期快要结束时，拿到那份属于我的设计费着实高兴了把，但没有汗水的喜悦感，无味而又兴奋的第一桶金。

个人小记

求职信

尊敬的领导：

非常感谢您在百忙之中审阅我的求职信，谢谢！

我叫郭娜，是一名即将毕业于湖北省华中师范大学武汉传媒学院08级平面设计专业的学生。经过数载的潜修、漫长的苦练，我终于即将以一名合格的大学本科毕业生的身份站在时代的阵前，接受着您的挑选，并时刻准备着将自己的所学奉献给您我共同的事业。

我不敢自诩自己是个人才，但我相信我的拼搏精神和进取精神。通过母校的培养和自身的努力，我不仅具备了良好的专业能力和专业素养，在英语学习方面，我在学习大学英语的基础上，具备了一定的翻译、阅读、口语及写作能力，现在正向更高目标努力。

同时，社会激烈的竞争使我深知全面发展的重要性，本着向复合型人才发展的原则，我广泛阅读了各种有益书籍，知识结构日趋完善。同时，丰富多彩的社会生活和井然有序而又竞争激烈的学习气氛，使我各方面得到不同程度的锻炼和考验。大量的社会实践使我的能力得到了很高的提高，也增强了吃苦耐劳的品质，培养了我的良好的心理素质和高度的责任感，树立了我忠职守纪的工作观念。"一份耕耘一份收获"一直是我执着的观念；"努力"是我不变的准则。

诚然，我不具备最高的学历，但我有达到最高学历的好学、勤奋与实，"玉在椟中求善价，钗于匣内待时飞"渴望学成之后的大手施展，更急盼有伯乐的赏识与信任。我会用我的实际行动回报您对我的选择，用我的青春与才智为社会的快速发展作出贡献！不必在乎我取得什么，请关注我的未来！我将会以全新的面貌迎接灿烂的明天！

此致

敬礼！

求职人：郭娜

图3.9 学生纯文本设计作业（郭娜）

图3.10 英文版式编排

图3.11 中文文字编排

名片的设计

以文字为主的排版样式

文字在排版设计中，不仅仅局限于信息传达意义上的概念，而更是一种高尚的艺术表现形式。文字是任何版面的核心，也是视觉传达最直接的方式，运用经过精心处理的文字材料，完全可以制作出效果很好的版面，而不需要任何图形（如图3.12）。

在纯文本的编排中，名片是一个典型的例子，在这类设计中首先应该明确信息的层级，也就是在姓名、电话、地址、邮箱等信息中，哪个应处于一级层级，也就是说“第一眼看到的应该是哪个信息”（如图3.13）。

在名片设计中还有一个非常重要的方面就是印刷工艺的运用，压印（如图3.14）、专色印刷（如图3.15）、UV光油（如图3.16）、模切（如图3.17）等印刷工艺让名片设计更加精致，可以起到画龙点睛的效果。

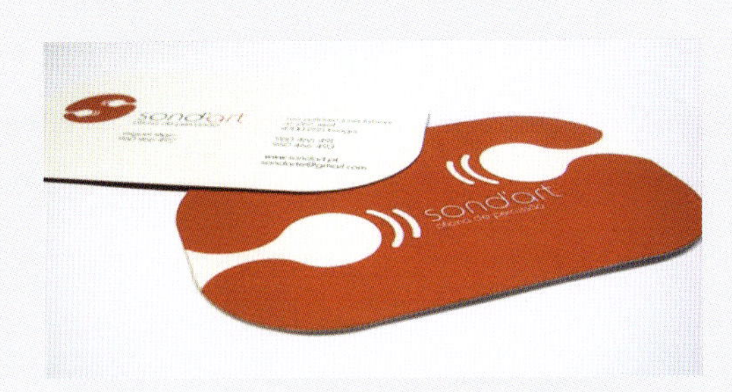

12 13 14 15 16 17

图3.12　纯文本名片
图3.13　名片设计
图3.14　压印工艺名片
图3.15　专色印刷名片
图3.16　UV光油效果名片
图3.17　模切工艺名片

第三节　文字的基本编排形式

左右均齐

行首和行尾都整齐的形式，中文出版物大都采用这种对齐形式，此种文字对齐方式使版面规整，有条理。（如图3.18）

居中对齐

这种形式适合短小的内容，例如诗文、标题导语等，具有古典风格的美感。（如图3.19）

左对齐

行首整齐，行尾参差的文字排版方式（如图3.20），这种形式解决了西方文字因单词长短不一不便于左右均齐编排的问题，自20世纪中期被欧美设计界广泛采用，成为现代版面设计的重要特征之一。

中文也可以采用这种形式，但是长篇的正文一般不适宜采用这种形式编排。

自由版式

没有明显的对齐线，版式自由活泼，很有时代感，但是需要设计者花很多的时间和精力反复调整。（如图3.21）

中式竖版版式

现代版式设计中的中式直排的方式多用于表现东方传统文化和中国古典文学艺术，但是这种版式不适宜在现代版式设计中大量使用，因为现代人已经不能适应长期阅读竖式版式，但是在目录、引言、说明文字等篇幅较小的地方使用能增强版式的中式古典感。（如图3.22）

18
19
20

图3.18　左右均齐

图3.19　居中对齐

图3.20　左对齐

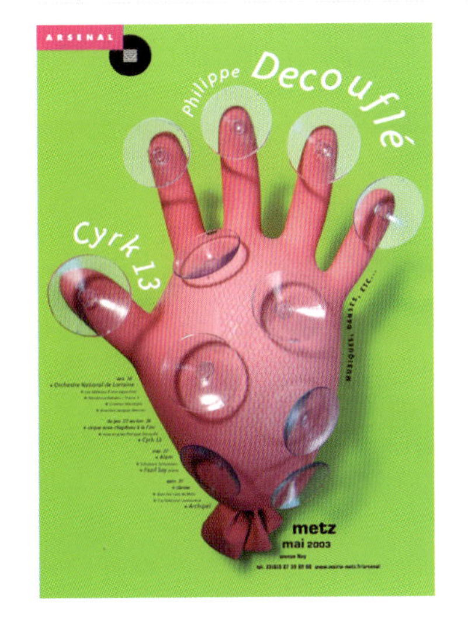

21
22
23

图3.21　自由版式
图3.22　中文竖式编排
图3.23　文字绕图

文字绕图

文字绕图是一种文字编排与透底图外形契合的一种特殊形式，运用恰当可以形成一种活泼的版面。(如图3.23)

文字图形化编排

采用文字作为元素拼成可识别的外形，让文字的编排称为一种图形。

文字图形化

文字图形化是借助图形的编排形式来表达主题，可以产生生动妙趣的视觉效果，用文字进行版式编排，版面形式感强，简洁，整体。但是并不是所有的设计都能用文字的图形化处理，要依据主题的内容和形式来定。（如图3.24—3.26）

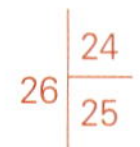

图3.24/25/26　文字图形化

第四节　印刷图版编排

在图文混排中，图片占版面面积的比例称为图版率，图版率高的版式有助于提高读者的阅读兴趣。根据图片在版式中的位置、大小和形状，图片分为角版、退底版和出血版。

1. 角版

角版也叫方形版，即画面被直线方框所切割，这是最常见、最简洁的形态，角版图有庄重、沉静的特点，是设计中应用较多的一种形式。（如图3.27）

2. 退底图

退底图是将图片中精彩的图像部分剪裁下来，退底图生动自由，视觉冲击力强，给人印象深刻。能够在画面中产生动态效果，与角版图和文字的静态效果形成动静对比。（如图3.28）

3. 出血版

出血版是图形充满或者超出版页，有扩展和舒展之感。在印刷版面设计时，对于出血图要做3mm的出血，避免裁切时出现露白现象。（如图3.29）

4. 角版、退底版、出血版的组合

三种图版的组合能让版式形成面积的对比，动静对比、大小对比，再加上文字的设计，能产生十分灵活的版式效果，因此现代版式多将其中几种图版结合应用。（如图3.30）

27 图3.27　角版图形
28 图3.28　退底图形
29 图3.29　出血版图形
30 图3.30　角版、退底版、出血版的组合

CD封套设计

作业内容：任选一歌手进行CD封套设计，包含CD盘面、CD封面、封底、歌词内页6P（如图3.31）。

要求：设计具有整体感，注意图文的编排与大小对比，黑白灰关系明确，信息层级关系清楚，角版、退底图、出血版图形的配合使用合理。

学生：吴萌

图3.31 学生CD设计作业

学生：蔡强

学生：沈小玉

学生：肖玉娇

第四章　现代印刷要素

第一节　原稿
第二节　印版与制版
第三节　油墨
第四节　印刷纸材
第五节　印刷机械
第六节　数码印刷

第四章　现代印刷要素

印刷工艺实际上是一个将原稿进行大规模复制的过程。常规的印刷，必须具备有原稿、印版、承印物、印刷油墨、印刷机械五大要素。而对于数字印刷而言，只需要原稿、承印物、印刷油墨、印刷机械四大要素就可以了，这样原稿在复制的过程中损失就会更小一些。

第一节　原稿

在印刷领域中，制版所依据的实物或载体上的图文信息叫原稿。因为原稿是印刷的依据，因此，原稿质量的好坏，直接影响印刷成品的质量。

印刷用的原稿有：文字原稿、图像原稿、实物原稿等。具体包含的内容见下表：

文字原稿有手写稿、打字稿、印刷稿之别，可视需要，用为排版或照相的依据。供排版用的，必须清晰；供照相用的，除清晰之外，还须线画浓黑，反差鲜明。

图画原稿，有连续调图画及线条图画之别，后者如漫画，图解等；前者如碳

表4.1

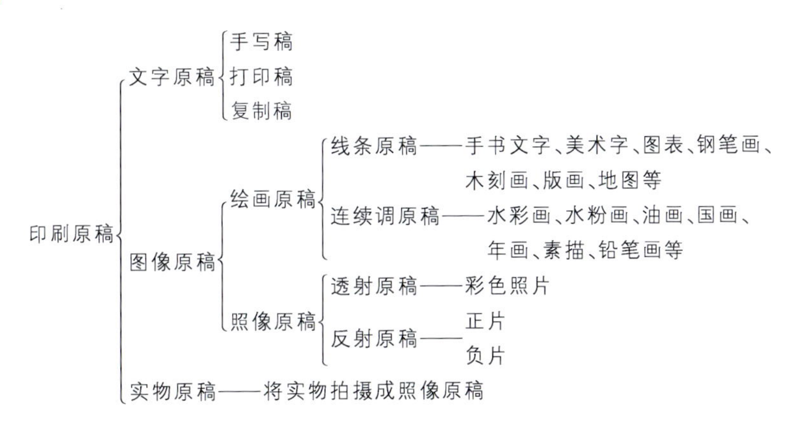

画，水彩画、国画、油画等。其中又各有单色及彩色之分。此类原稿，在复制之前，必经照相，所以其色调以适合感光材料特性为佳。

照相原稿，有黑白照相与彩色照相之分，又各有阳像与阴像之别，并包括传真照片及分色负片在内。总之，以浓度正常，反差适中者才可供复制之用。

凡用于照相的原稿，又可概分为反射原稿与透射原稿两大类。前者为不透明稿，如图画及晒印之相片等；后者为透明稿，如幻灯片、透明图等。

新近已有用实物直接分色者，可免拍摄原稿之浪费与色调之损失。

第二节　印版与制版

印版是用于传递油墨至承印物上的印刷图文载体。印版上的图文部分是着墨的部分，又叫做印刷部分，非图文部分在印刷过程中不吸附油墨，又叫空白部分。各种不同的印刷种类之间最大的差别也就在印版上，不同的印版会产生不同的印刷效果。

要得到相应的印版就必须通过制版工艺，制版顾名思义是为印刷工序制作印刷用版。由于传统上把印刷分为平版印刷、凸版印刷、凹版印刷和孔版印刷。相应地，制版也就分为凸版制版、凹版制版、平版制版和孔版制版（如图4.1）。

凸版：印纹部分凸起，印刷时使沾着印墨色材，无印纹部分则低下，使不沾着印墨色材，故能印刷。凸版又有雕刻版（Block Plate），活字版（Movable Type），照相版（Photoengraving）、复制版（Duplicate Plate）及电子凸版（Electronic Engraving）等。活版之特点是，在印制过程中，发现错误，有随时修改的机会，墨色表现力强，大量印制或小量印刷均所适宜，故多用以承印书籍、报章、杂志、卡片、文具之类。

图4.1　凸版　凹版　平版　孔版

平版：有印纹部分与无印纹部分，在版面上保持同高程度，印纹部分使其吸收印墨而排拒水分，无印纹部分使其吸收水分而排拒印墨，因水与脂肪不能混合而互相反拨，故能印刷。平版又分平面版（Surface Plate）、平凹版（Deep-Etch Plate）、平凸版（DryOffset Plate）等三大类。平版之特性在制版快速，版面较大、便于套印彩色，而且成本低廉，虽耐印量及表现力稍不及凸版，但其承印范围最广，举凡书、报、杂志均可承印，而一般图片及彩色印件，几乎全属平版所印。

凹版：印纹部分下陷，用以装存印墨，无印纹部分即为平面，平面所上之墨，必须擦除，使不留印墨，印刷时加压于承印物上，使与凹陷槽内印墨接触吸着于纸上而完成印刷。凹版又分雕刻凹版（En-graving Plate）、电镀凹版（Electroplating）及照相凹版（Photogravure）等类。凹版之特性，在墨色表现力特强，虽制版繁难，但印品精美。故多用以承印钞券、邮票、股票及其他有价证券与艺术品等。因其墨层高于纸面，照相复制困难，具有防止伪造功能。照相凹版，近年亦多用为商业防伪。

孔版：原称丝网印刷或称绢印，属特刷类。印墨系自印版正面压挤透过版孔，而印于版背面之承印物上。依制版分誊写孔版、打字孔版、绢印孔版、照相孔版等类，如普通之油印即属其类。孔版适于特殊表面的印刷，诸如曲面、粗糙面、光滑面、金属面、非金属面、布匹等。

将来的印刷，可能会无需印刷版。如静电印刷、喷墨印刷、镭射印刷等，现已开始付诸实用。

第三节　油墨

印刷墨的组成，由四部分混合调炼而得：一为舒展剂，以亚麻仁油、桐油、松香油、煤油、人造树脂等熬炼而成之溶剂，以及用树脂等溶于松节油或百油精之粘剂，后者称凡立水或凡立。二为颜料，为印墨的染色料，分有机颜料、无机颜料、植物颜料、矿物颜料等。三为干燥剂，使印墨脂肪在承印物上快速干燥，多用金属皂类，如锰、钴、铅等，还有一般性的如钙、铁、铜、锌、锆等。四为填充剂，使印墨增加浓度，兼有扩散作用及润滑功效，常用玉蜀黍粉、氧化镁、碳酸钙、碳酸钡、氧化铝、腊脂及凡士林。

印刷墨特性及品质好坏，与其合成材料及调炼处理过程有关。近年以来，用树脂与塑胶等调制的印墨，已日渐增多。

发展中的印墨，概分热固型油墨、快干油墨、亮光油墨，腊质油墨、韧性油墨，水气凝固油墨、紫外光凝固油墨等类。

承印物

承印物是接受印刷油墨或吸附色料并呈现图文的各种物质。传统的印刷是转印在纸上，所以承印物即为纸张。

常用的印刷用纸有：新闻纸、凸版纸、胶版纸、胶版印刷涂料纸、凹版纸、周报纸、画报纸、地图纸、海图纸；拷贝纸、字典纸、书皮纸、书写纸、白卡纸，等等。

随着科学技术的发展，印刷承印物不断扩大，现在远不仅是纸张，而包括各种材料。如纤维织物、塑料、木材、金属、玻璃、陶瓷，等等。

第四节　印刷纸材

纸的种类

纸的种类繁多，根据各种纸的用途不同，分成17类，其中纸张11类和纸板6类。

纸张11类为：印刷用纸，书写纸，制图、绘图纸，电绝缘纸，卷烟纸，吸纸，计器用纸，感光纸，转印纸（原纸），工业技术用纸，包装纸。

纸板6类为：装订纸板，制盒纸板（如图4.2），绝缘纸板，工业技术纸板，建筑纸板，制鞋纸板。

在印刷用纸类中，又有各具不同性能和特点的纸张，如新闻纸、凸版印刷纸、胶版印刷纸、胶版印刷涂料纸、字典纸、地图纸、海图纸、凹版印刷纸、周报纸、画报纸、白板纸、书面纸，等等。

2
3 图4.2 制盒纸版
图4.3 新闻纸

印刷用纸的分类、物理特征及用途

新闻纸

特点：价格便宜，纸质松轻、富有较好的弹性；吸墨性能好，不起毛，印迹比较清晰饱满；有一定的机械强度；不透明性能好；适合于高速轮转机印刷。

用途：报纸、期刊、部分书籍和本册等（如图4.3）。

胶版纸

特点：平滑度好，质地紧密，白度好，对油墨的吸收性均匀。印刷画质细腻，对图片还原度高。

用途：高档书籍、本册、杂志、一般彩图、画册、封面、商标、年历等（如图4.4）。

轻质纸

特点：质地轻薄，有诗性特征，适合气质清雅的题材表现（如图4.5）。

用途：主要用于印刷内文页数较多的

4
5 图4.4 胶版纸
图4.5 轻质纸

厚书，成品较用正常书写纸印制的成品要轻得多，多用于手工线装书。

字典纸

特点：纸薄而强韧耐折，纸面洁白细致，质地紧密平滑，稍微透明，有一定的抗水性能。价格便宜，质地白皙，透明。

用途：普通字典、科技资料等。

铜版纸

纸张表面光滑，白度较高，纸质纤维分布均匀，厚薄一致，伸缩性小，有较好的弹性和较强的抗水性能，对油墨的吸收性与接收状态十分良好，是现行主要的印刷用纸之一。

主要用于细网线印品、画册、封面、高级本册封面、夹卡、明信片、精美的产品样本、挂历、商标、手袋、彩色商标、台历、各种装饰书盒、高级包装盒（如图4.6）等。

白卡纸

特点：伸缩性小，有韧性、折叠时不易断裂。

用途：主要用于印刷包装盒和商品装潢衬纸。在书籍装订中，用于简精装书的里封和书脊的装订用料（如图4.7）。

凸版纸

一般书籍、杂志、课本和部分本册、资料等。

凹版纸

有价证券、重要文件、美术图片、画册等（如图4.8）。

6
7
8

图4.6　铜版纸
图4.7　白卡纸
图4.8　凹版纸

书写制图用纸的分类、物理特征及用途

书写纸

特点：质地较白，适合书写。
适合书写、账册、试卷等。信笺、发票等。

有光纸

稿纸、信笺、发票等。

拷贝纸

透明性强，字、商品内包装、集邮册等。

无碳、有碳纸

复写、打字、发票等。

图画纸（如图4.9）

铅笔画、水彩画。

宣纸（如图4.10）

纸薄、质地稀疏，木版水印、绘画、书法、裱粘等。

毛边纸

纸质薄而松软，呈淡黄色，吸墨性较好。
书法、绘画、制作线装书。毛边纸只宜单面印刷，主要供古装书籍用。

我们在选择印刷承印材料时，应将材料语言的运用纳入我们的设计思路之中，不拘于形式，视设计所需，要勇于尝试新的材料，勇于选用特种纸、特种材料，如皮革、纺织品、木、竹等。材料本身带来的质感、空间、肌理会在第一时间吸引消费者。纸张的纹路色彩和肌理效果所表达出的情绪和情感，与画龙点睛的简单设计一起，可以达到既简洁又美观的艺术效果，还能达到节约印费的目的。

图4.9 图画纸

图4.10 宣纸

特殊承印材料形成的视觉效果（如图4.11—4.14）

图4.11 塑料材质印刷效果

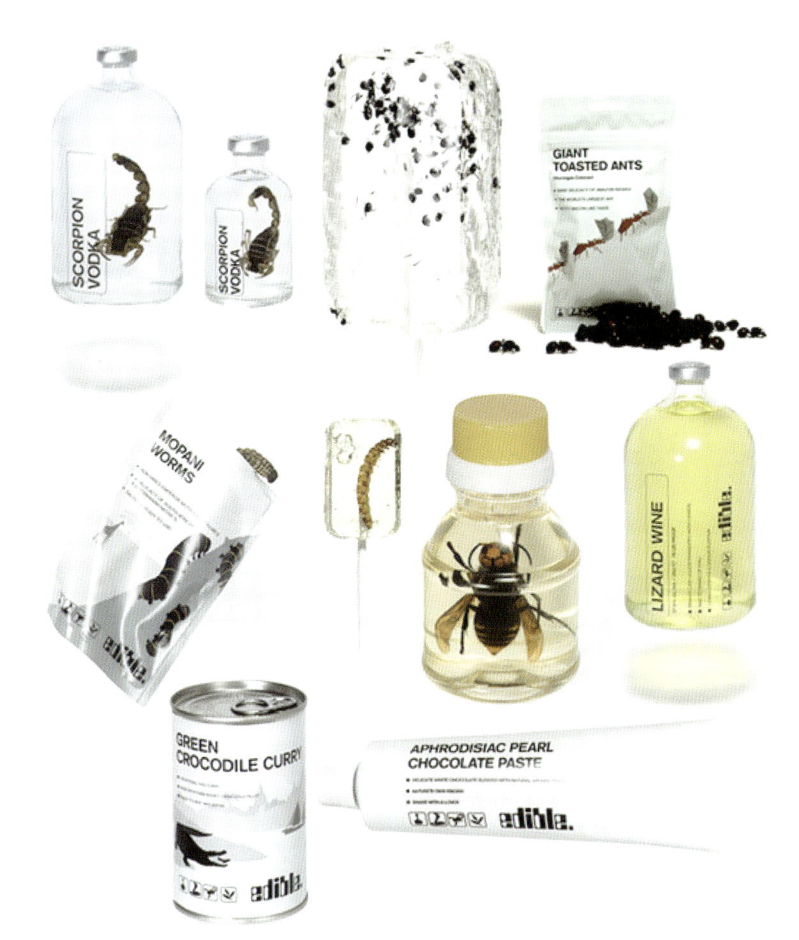

12
13　14

图4.12　不同包装材质上的印刷效果
图4.13　木制材质上的印刷效果
图4.14　透明纸质材料上的印刷效果

纸张的规格

纸张的规格一般按型式、尺寸、重量来标定。

（1）型式

纸张的型式，在印刷用纸中分为平板纸（如图4.15）和卷筒纸（如图4.16）两种。卷筒纸用于高速轮转印刷机，一般印刷中大部分采用平版纸。

图4.15 平版纸

图4.16 卷筒纸

（2）尺寸

ISO国际标准

ISO系统是基于高宽比例为2次方根的比例关系而制定的纸张大小标准。这一体系形成了A、B、C三种型号的纸张规格，以适用于不同的印刷用途。

我国国内常用的印刷用纸的尺寸有两种，一种是正度纸张，全开尺寸是1060mm×760mm，另一种是大度纸张，全开尺寸是1160mm×860mm。对全开的纸张进行切割，可以得到不同开度的页面尺寸，常见的尺寸和切法如图（图4.17）。

（3）重量

纸张的重量以定理及令重表示。通常以定量表示（如图4.18）。

定量又称克重，是纸张每平方米的规定重量，标准规定用克表示，即克/平方米（g/m^2）。

令重量表示500张纸的总重量。

常见的纸张克重有128g铜版、157g铜版、60g胶版。

纸张的厚度对直接影响成品出版物的厚度，例如书脊厚度的计算就可以通过纸张的克重与页数得到，计算公式为：

0.135×克数/100×页数=书脊

（厚度单位是mm，克数是纸张的重量）

图4.18 纸的克重

常见纸张开切和图书开本尺寸（单位：毫米）

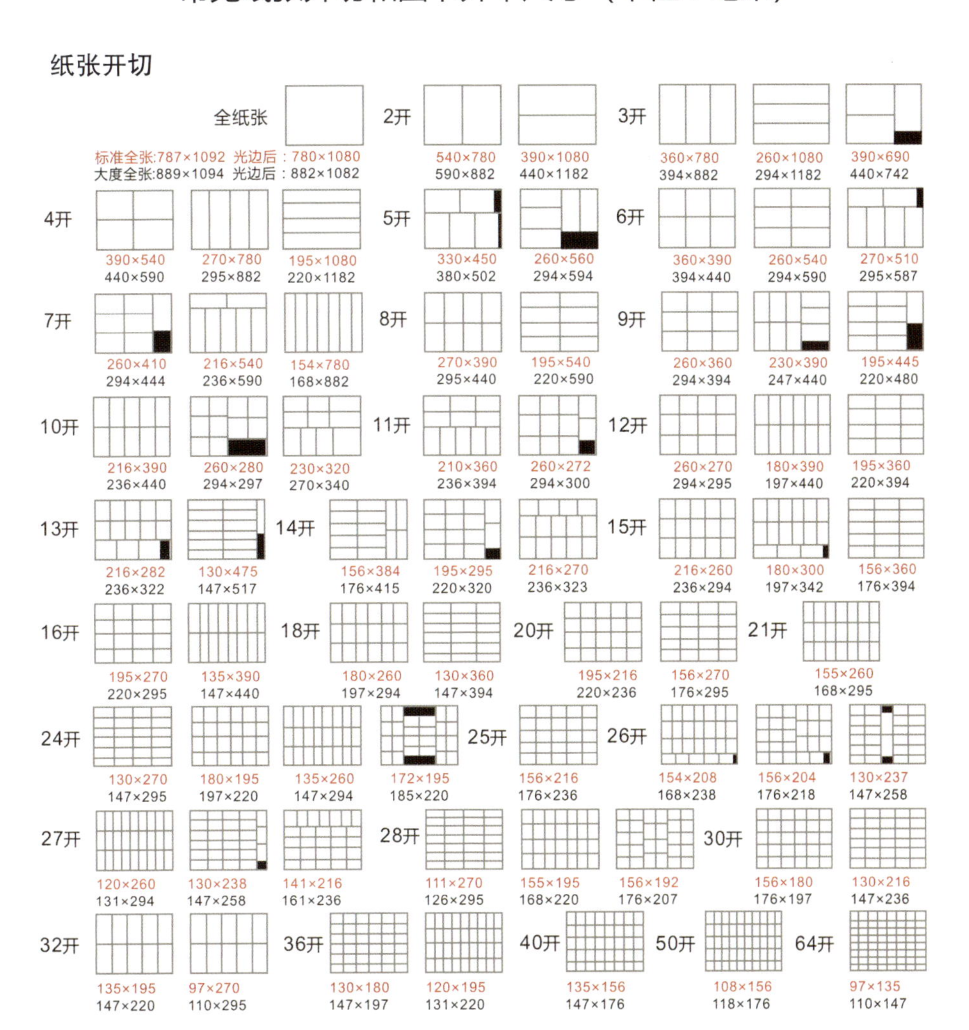

图书开本（净）

16开:184×260　　18开:168×252　　20开:184×209　　24开:168×183
32开:130×184　　36开:126×172　　64开:92×126　　长32开:(787×960×1/32)=113×184
大16开:(889×1194×1/16)=210×285　　大32开:(850×1168×1/32)=140×203
单位:毫米

注:所有开张尺寸均为纸张上机尺寸.

图4.17　常见纸张开切和图书开本尺寸

第五节　印刷机械

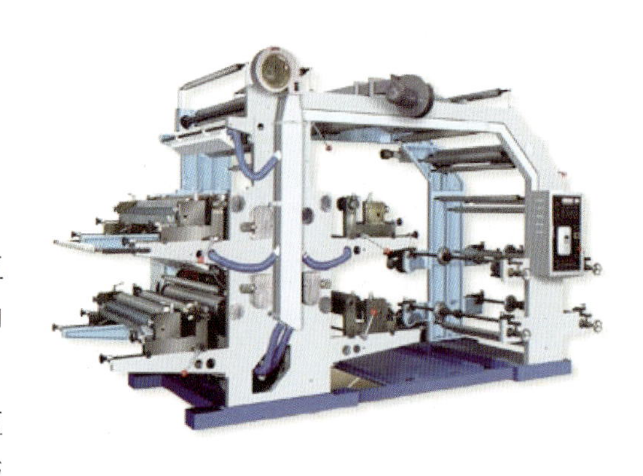

印刷机

印刷机因印版之型式不同，约可分五类：即凸版印刷机、平版印刷机、凹版印刷机、孔版印刷机及特殊印刷机。

凸版印刷机（如图4.19），有平版平压式的圆盘机、平版圆压式的平床机及圆版圆压式的轮转机等。

凹版印刷机（如图4.20），有平压式的手摇凹印机、圆压式的平台凹印机、轮转式的凹印机等。

平版印刷机（如图4.21），有平版平压式的手摇百印机、转版机，平版圆压式的平床印刷机、珂罗版印刷机，圆版圆压式的间接橡皮印刷机及轮转印刷机等。

孔版印刷机（如图4.22）有手推式油印机、轮转式油印机、手推式绢印机、电动式绢印机等。

特殊印刷机有车票印刷机、商标印刷机、曲面印刷机、静电印刷机等。

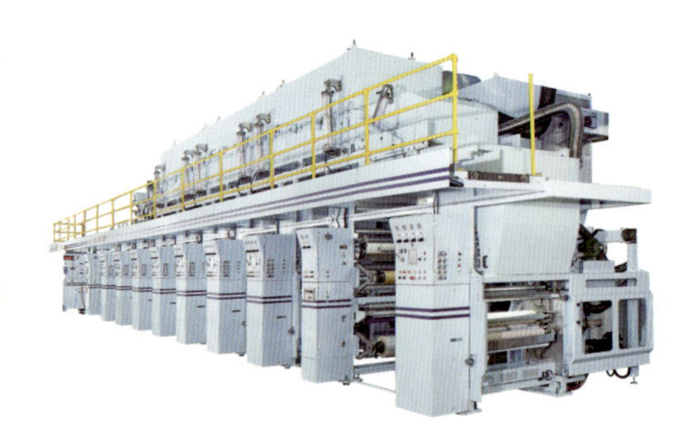

19
20
21

图4.19　凸版印刷机
图4.20　凹版印刷机
图4.21　平版印刷机

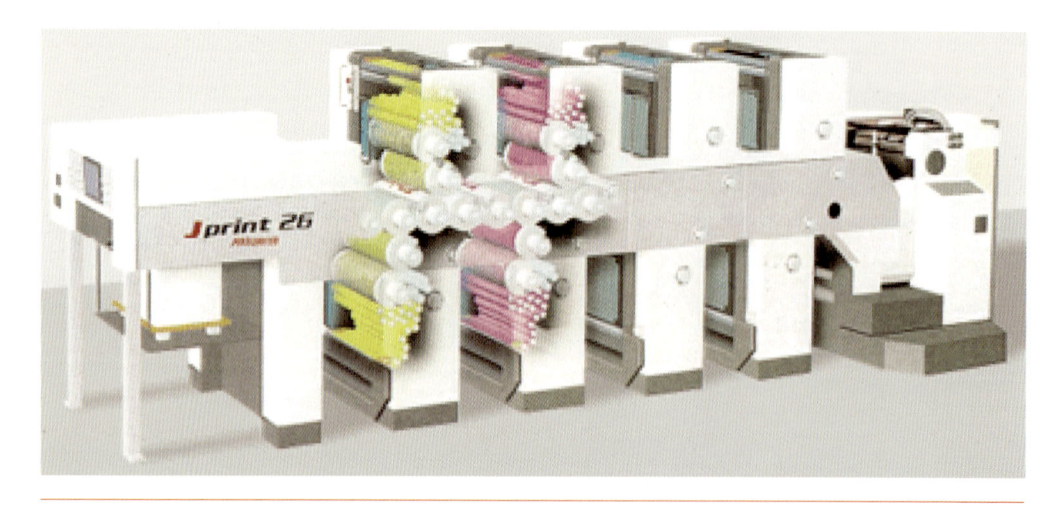

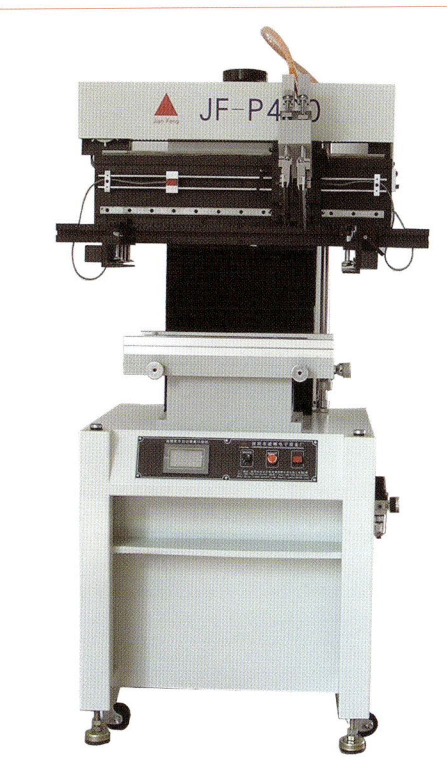

图4.22　孔版印刷机

由发展顺序，印刷机可概分平版平压式、平版圆压式、直接圆版圆压式、间接圆版圆压式四类。又由一次印刷墨色之多少，可分单色机、双色机、四色机、六色机。

综合以上，原稿，印刷版面、印刷油墨、印刷材料、印刷机，合称为“印刷五大要素”。虽缺一不可，但都属于物质范围，仍属次要。其最主要因素，当为优秀的技术人员。否则，物质要素再好，也不能发挥其效用。

印刷机的构造

印刷机械是用于生产印刷品的机器、设备的总称。它是现代印刷中不可缺少的设备。这些印刷机中，除平版印刷机有输水装置外，它们都由输纸、输墨、压印和收纸等主要装置组成。

1. 输纸装置（如图4.23）

（1）单张纸印刷机的输纸装置

单张纸印刷机的输纸方式有手给纸和由机械装置自动输纸两种。手输纸因为速度和正确性都存在一些问题，现在已很少应用。

（2）卷筒纸印刷机的输纸装置

卷筒纸印刷机的特点是印刷速度快、产量大，通用于双面印刷。它的输纸装置是将纸带输出，经传纸辊送入印刷装置。

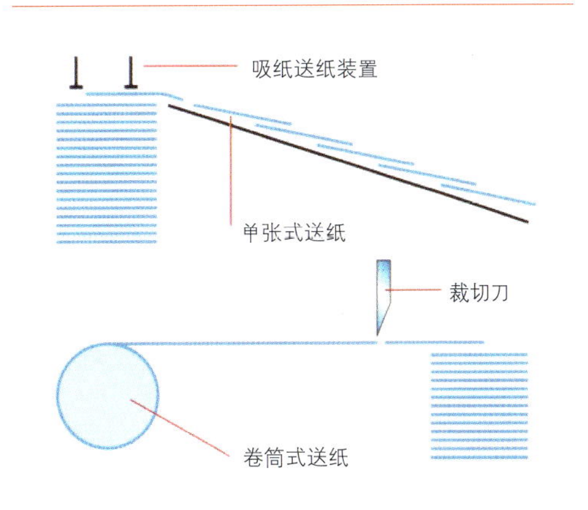

图4.23　输纸装置

2. 印刷装置

（1）印刷部分

在印刷中有各种方法，其区别是在加压方式上，加印刷压力的目的，是将油墨从印版或橡皮布上转印到承印材料上，加压部分就由印版滚筒、压印滚筒组成，在胶印方法中就是由印版滚筒、橡皮滚筒、压印滚筒以及其附属设备组成，均称为印刷部分。

（2）装置版部分

凸版印刷中，将铅版或树脂版用针塞或用双面粘胶布粘贴的方法安装在版台或版滚筒上；平版印刷中主要使用铝基的PS版或锌版，将其版卷成圆筒形装在印版滚筒上；凹版印刷中，制版时已直接将图文制在铜印版滚筒上，用机械安装进行印刷。

（3）上墨部分

从墨斗中输出油墨，到版面上均匀地附着油墨，有一系列的相关装置，平版和凸版印刷机上，从墨斗中由墨斗辊传出少量的油墨，传给传墨辊，再传给串墨辊、匀墨辊使油墨均匀后由着墨辊向版面上上墨。凹版印刷时，印版滚筒在墨斗中，进行高速旋转，由刮墨刀刮去多余的油墨（如图4.24）。

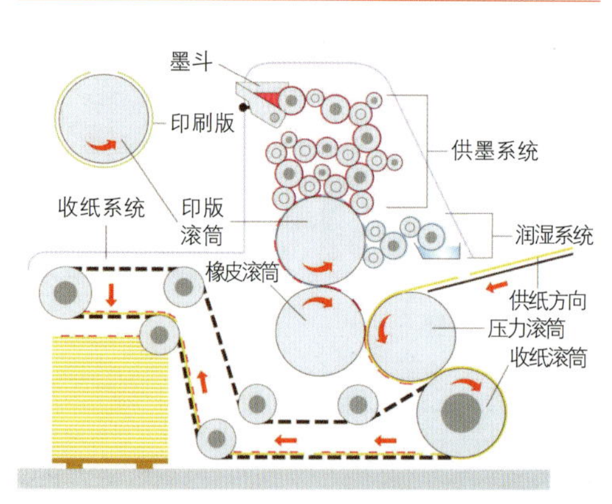

图4.24 供墨部分

（4）给水部分

在胶印中，版面保持适当的水分是非常重要的，因此，在印刷机上有给水部分，它由水斗、水斗辊、传水辊、串水辊、着水辊组成（如图4.25）。

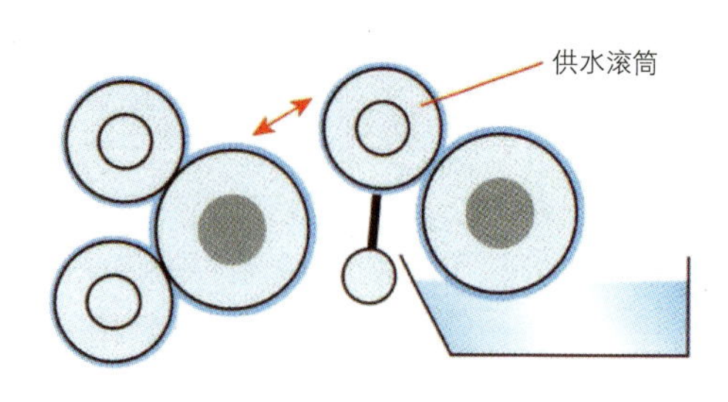

图4.25 给水部分

3. 干燥装置

印刷以后，要使油墨在印刷品上尽快的干燥，以防止出现背面蹭脏现象，影响印品质量，因而设计了各种方式的干燥装置，使油墨在极短的时间里干燥。

4. 收纸装置

（1）单张纸、卷筒纸的收纸装置

单张纸印刷的收纸部分由三种方式构成：翻纸拍式输出装置；链条式输出装置；收纸装置。

（2）折页装置（如图4.26）

卷筒纸印刷后，需要复卷时，有复绕装置，用卷筒纸芯在绕卷辊上利用摩擦绕卷。一般印好的纸带进入折页装置进行加工。

它是卷筒纸印刷机的附属装置，印刷出的纸带进行连续加工，完成裁切和折页工序，成为符合工艺要求的书帖，它由纵切后经角板进行纵折。然后送入横切和横折装置，经几个折页滚筒折页后，由书帖输送装置送出。根据印品的不同要求，可采用不同的折页方法。

图4.26 折页机

影响印刷品质量的几点因素

(1) 原稿的质量;

(2) 电分、扫描、制版的因素;

(3) 印刷设备的精度，印刷规矩，印刷压力及水墨平衡关系的因素;

(4) 纸张的因素;

(5) 油墨的因素;

(6) 印刷环境的因素，主要指气温、湿度的变化因素;

(7) 印刷操作人员的技术素质因素;

(8) 后加工工序的因素，主要包括裁切、装订、覆膜、裱瓦、成型等工序环节因素。

第六节　数码印刷

随着科学技术的不断发展，传统印刷逐步过渡到数码印刷时代；数码印刷是印刷技术的数码化。泛指全过程的部分或全部的数码化（如图4.27）。例如：激光照排、远程传版、数码打样、计算机直接制版、数字化工作流程、印刷厂ERP等都属于数码印刷的范畴。

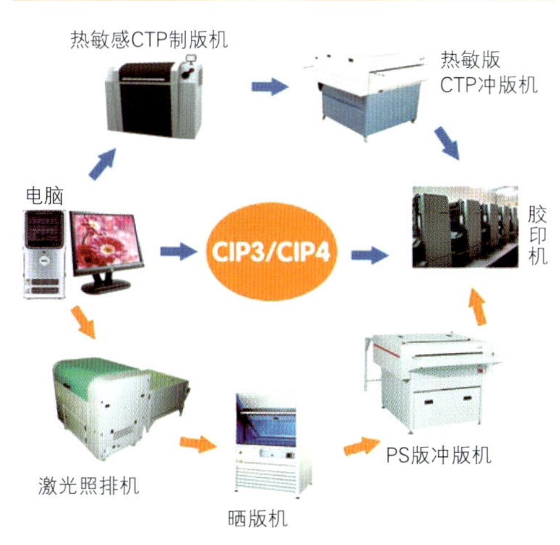

图4.27　CTP制版流程

数码技术在印刷行业中应用的优势：

(1) 告别传统印刷流程以及效率低下，周期长等因素。

(2) 异地传版，突破地域局限，减少印刷操作成本。

(3) 彩色和图像。桌面彩色出版系统提高了彩色文图合一的制版效率，并且将艺术和出版有机地结合在一起。

(4) 告别纸和笔。网络技术、网络编辑出版技术、信息跟踪技术、信息交换技术、信息发布技术的出现和发展，使得用计算机与网络技术实现出版编辑数码化成为可能。

(5) 效率、质量和管理。计算机直接制版（CTP)、胶片扫描、数字化工作流程(WORKFLOW)、数码打样与远程打样、印刷厂经营管理系统、按需快速印刷，这些都可以实现印刷出版高效率、高质量和管理的目标。

(6) 跨媒体出版和网络出版。将同一套数码信息内容通过不同的媒介发布，即跨媒体出版。例如，同一文件不仅可以印刷在纸张上，以报刊、书籍的形式发布(纸媒体发布)，还可以通过网络在任意设备上随时随地生成、管理并发布（网络出版)。

(7) 数码系统。数码印刷系统是印刷全过程数字化、网络化的技术，涵盖了计算机直接制版、数字化工作流程、数码打样、按需快速印刷等技术，是印刷行业适应信息时代发展的必然。

随着科学技术的不断进步，现代印刷设备正向多色、多功能、高速化、联动化和自动化方向发展，与此同时，彩印材料也不断出现多样化，印刷特点与传统生产工艺出现明显的差异。

学好印刷的方法

重视实践实习实验印刷是应用的学科，学习印刷一定要实践。印刷是加工服务的特种行业，同时它也属于制造业；它有生产工艺流程，这又不同于流水线的作业，它分为印前、印中、印后，它们可以组合，也可以独立分开作业，是技术密集型的行业，它要求所有从业人员，首先必须有技术、有经验。在德国，90%以上的高级人才，都有从事技术学徒的经历。

印刷厂实习

选择一家印刷厂进行为期一个月的实习，对印刷厂整个印刷流程有一个全面直观的了解（图4.28），切实感受不同印刷工艺对平面设计呈现效果的影响。

作业：做一本实习日志的册子。

图4.28 印刷厂实习

第五章　印后加工

第一节　光油、过胶、UV上光
第二节　模切与激光雕刻
第三节　凹凸压印
第四节　烫金
第五节　装订工艺历史发展
第六节　平装书的装订
第七节　精装书的加工

第五章　印后加工

当印刷载体完成之后，往往需要依据其对象——如纸容器加工或书刊装订或表面加工等进行印后的加工工艺设计，印后加工应该在设计师设计之初就考虑进整个设计之中，而并不是最后才考虑的一个方面。只有将印刷和设计作为一个整体进行设计，才可能增强印刷品的表现力。以下就这种常用的工艺作简单阐述。

第一节　光油、过胶、UV 上光

这是印后加工中比较常用的工艺，是用物理或者化学方式，在印刷品的表面进行涂布上光或者过胶加工，产生光泽并增强印刷品的耐磨性。

上光油和过胶材料及方法很多，成本的差别也较大，大体分为印光、磨光、覆膜、UV上光等。

1. 印光

印光是指在印好的版面上加印一层透明的光膜，使其光亮，可分为局部上光和整体上光。局部上光（如图5.1）可起到强调图形或文字的效果，整体上光可提高印刷品的光亮度和耐磨性。

具体印刷方法是将需要上光的部分另制一块区域印版，使其位置、大小与原来油墨的印纹吻合，再通过橡皮滚筒进行上光处理。

图5.1　局部上光

2. 磨光

磨光是指在上光的同时通过光亮的钢板加热烘干，使版面产生光泽，磨光的加工要求印刷纸张厚实。

3. 覆膜

覆膜是指在印刷品上覆上一层塑料膜，覆的膜又分光面和哑面的。哑面的无光泽，手感好，成品平整，价格略高于光膜。覆膜在书籍封面和包装印刷中极为普遍，但是薄纸覆膜后容易卷曲，所以在做封面时最好做勒口或者用较厚的纸张。

4. UV 上光

UV上光即紫外线上光。它是以UV专用的特殊涂剂精密、均匀地涂于印刷品的表面或局部区域后，经紫外线照射，在极快的速度下干燥硬化而成，用于包装、封面等。UV上光以后的材质表面光亮，可分为全部上光、局部上光两种。

第二节 模切与激光雕刻

模切是印刷品后期加工的一种裁切工艺，模切工艺可以把印刷品或者其他纸制品按照事先设计好的图形制作成模切刀版进行裁切，从而使印刷品的形状不再局限于直边直角。用来加工的模切材料有橡胶、泡沫塑料、塑料、乙烯基、硅、金属薄带、金属薄片等（如图5.2—5.5）。

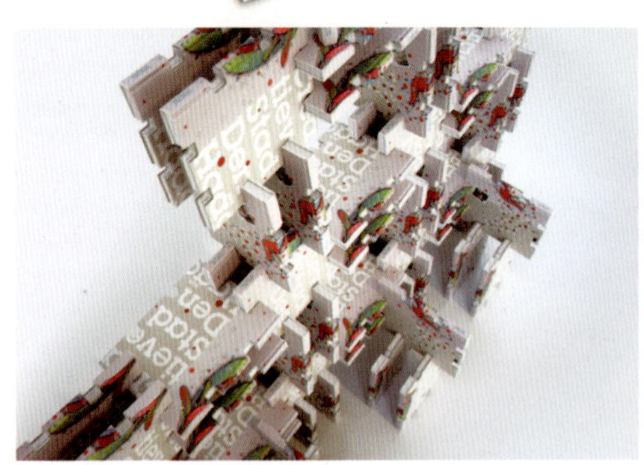

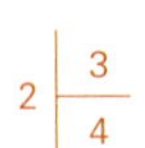

2 3 4

图5.2—5.4 模切工艺

图5.5　模切工艺

图5.6—5.7　凹凸压印工艺

激光雕刻加工是利用数控技术为基础，激光为加工媒介。加工精度高，速度快，应用领域广泛。激光雕刻广泛应用于广告加工、礼品加工、包装雕版、皮革加工、布料打样、印章雕刻、产品标刻、印章雕刻等诸多行业。

第三节　凹凸压印

凹凸印，是指用凹凸两块印版，把印刷品压印出浮雕状图像的加工。印版不用着墨的压印方法。按原稿图文制成凹凸两块印版，在纸上或印有图文的印刷品上进行压印，形成犹如浮雕的图案（如图5.6—5.7）。

凹凸压印工艺多用于印刷品和纸容器的后加工上，如包装纸盒、装潢用瓶签、商标以及书刊装帧、日历、贺卡等。包装装潢利用凹凸压印工艺，运用深浅结合、粗细结合的艺术表现方法，使包装制品的外观在艺术上得到更完美的体现。

第四节　烫　　金

烫金，也称“烫印”，是一种印刷装饰工艺。将金属印版加热，施箔，在印刷品上压印出金色文字或图案（如图5.8—5.9）。图书封面烫金，礼品盒烫金，烟、酒、服装的商标和盒的烫金，贺卡、请柬、笔的烫金等，其颜色和花纹，还可根据具体要求定做专版。烫印的基材包括一般纸张，金、银墨等油墨印刷纸，塑料、皮革、木材等特殊材料。

电化铝烫印箔主要是采用加热和加压

图5.8—5.9　烫金工艺

的办法，将图案或文字转移到被烫印材料表面。

第五节　装订工艺历史发展

装订的加工是一本书制作过程的最后一道工序，也是书籍的包装装帧工序，这个工序的加工效果，关系到印品的优劣和一本书的整体效果。

早在三千三百多年前，我国的文字就有了完善的基础。随着象形文字、形声文字的进化，最原始的书籍形式也开始问世，即“简册”。后来由于经济、科学、文化的发展，经过一系列不断地改革，由龟册、简策、卷轴、蝴蝶装等，到今天的平、业、骑马订装等共经过了三千多年的历史，改变了十多种订和装的方法，基本上实现了书籍装订技术的完整化。

装订形式的种类主要有以下几种：

1. 古籍装帧形式

简册装（如图5.10）

简和策是我国最早的读物。公元前，把文字写在狭长的木片上，称为木简，写在竹片上称为竹简，统称为简，如现今的“页”。把文字写在较宽的竹茎、木板上，称为牍。

将简或牍用丝、草或藤编排串连起来，就成为一篇文章，称为策，策的含义与现今的"册"相似。策便成为我国最早的书籍装订形式。

卷轴装

卷轴装始于帛书，是由卷、轴、飘、带四部分组成的、类似于简策卷成一束的装订形式。（如图5.11）卷轴装型制，在其一长卷文章的末端设一较幅面宽度长出

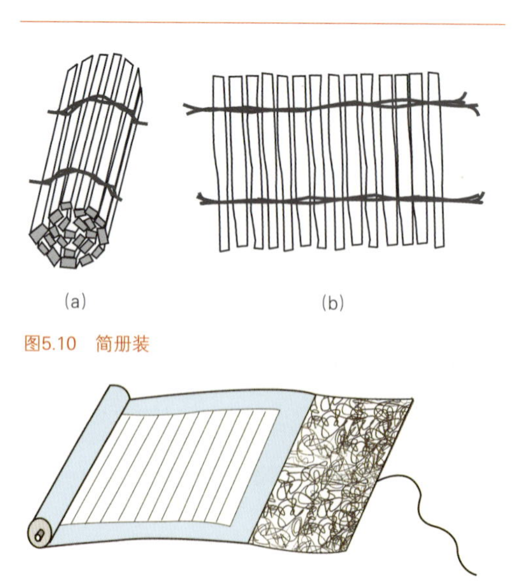

图5.10　简册装

图5.11　卷轴装

少许的轴，以轴为轴心，将书卷卷在轴上。

旋风装

放在插架上的旋风装书籍，外观上与卷轴装是完全一样的。它与卷轴装的区别，只有在展卷阅读时才得以看到。（如图5.12）一般卷轴装的书卷，是用一张张粘连起来、外观上是一张整张的长条纸书写文章的；而旋风装则是把一张张写好的书页，按照先后顺序逐次相错约一厘米的距离，粘在同一张带有卷轴的整纸上面，展开平放，错落粘连，形如鳞次。

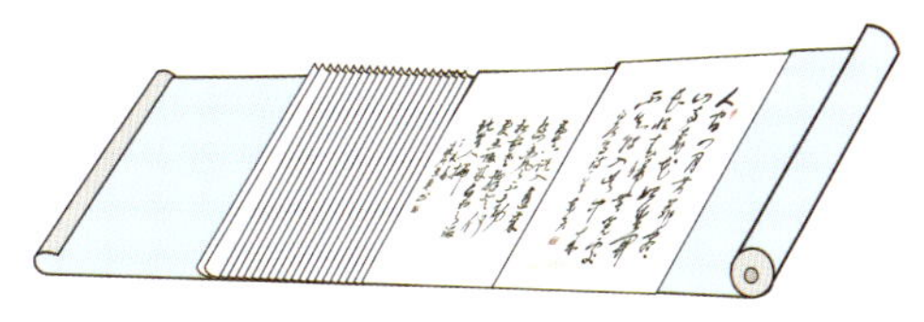

图5.12 旋风装

经折装

经折装是将一幅长卷，沿书文版面间隙，一反一正地折叠起来，形成长方形的一叠，首末二页各加以硬纸的装订形式。（如图5.13）这种装订形式已完全脱离卷轴。从外形上看，它近似于后来的册页书

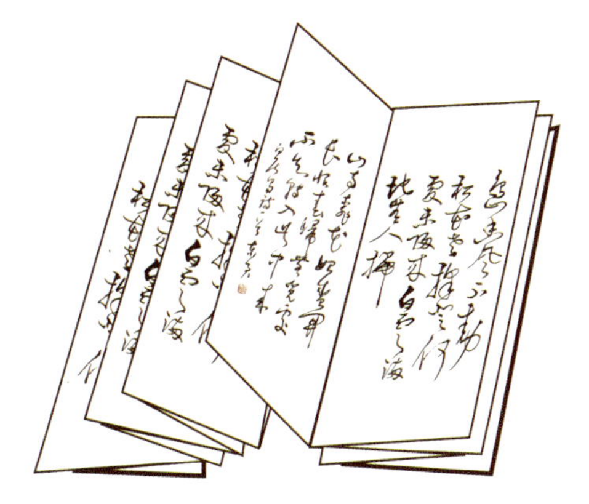

图5.13 经折装

籍。这种装帧最初用于佛教经典，故叫经折装，是卷轴装向册页装过渡的中间形式。

蝴蝶装

蝴蝶装出现在经折装之后，由经折装演化而来。将印有图文的面纸页对折，再把折缝粘连在预制好的订口条上，形成一本书籍，这是散页装订的最初形式，称为蝴蝶装。

蝴蝶装是印刷史上第一次把散页的折缝集中在一边，形成订口而成册。由于蝴蝶装在锁线时，线是串在拼贴条上的，所以在书页的折缝中间没有线缝，并且在翻阅时可以摊得很平，便于阅读，现在重要的地图集，精美的画册等，仍有采用这种装订方式的（如图5.14）。

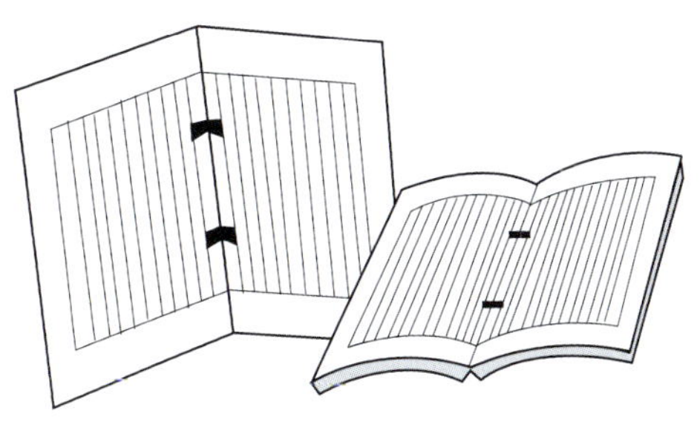

图5.14 蝴蝶装

蝴蝶装的书页，适合于单面印刷，图文向里对折，现在地图集中采用正面印了个双页图，背面印文字说明或印用色较少的单面图用蝴蝶装，使正面双页图展开平整。

和合装

和合装的特点是内芯和封壳可以分开，内芯可以调换，而封壳硬而耐用。在封壳里层的上下接槽处各相连着一条供串线订本用的订条，一般与内芯订口的宽度

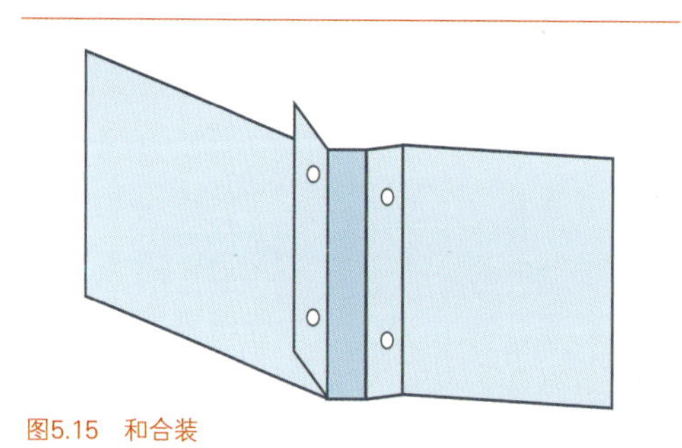

图5.15 和合装

相同，上面打孔2—3个（如图5.15）。装配使用时，将对折或单页组成的内芯，在订口部位根据订条上的孔距位置相应打上孔洞，然后用带子或罗钉与订口条串起来扎紧，这种装订方式称为和合装。

包背装

把印好的书页白面朝里，图文朝外对折，然后配页后，将书页折缝边撞齐、压平，再把折缝对面的级边，粘着千供包背的纸页上，包上封面，使其成为一整本书。这样的装订方式称为包背装（图5.16）。包背装实是线装本的前身。

图5.16 包背装

线装

将单面印好的书页白面向里，图文朝外地对折，经配页排好书码后，朝折缝边撞齐，使书边标记整齐，并切齐打洞、用纸捻串牢，再用线按不同的格式穿起来，最后在封面上贴以签条，印好书名，成为线装书。（如图5.17）

线装书出现后，一直沿用至今。从工艺方法上，后来虽有不同程度的变化，但均未超出线装范围。

总之，中国古代的装订形式，是随着古代书籍的发展、变化而变化的。它经历了简策装、卷轴装、旋风装、经折装、蝴蝶装、包背装和线装等漫长的发展历程。为中国古代社会、文化事业的发展和繁荣作出了贡献。

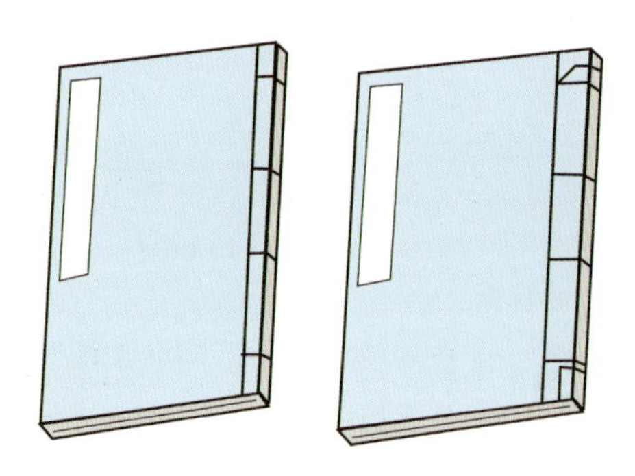

图5.17 线装

利用古代书籍装订形式进行创意的现代书籍设计（图5.18—5.23）

装订设计的灵感来源于生活，只要我们认识到装订形式创新对书籍整体效果的影响，就能在装订设计上只做一点点的变更，或是转变成另一种形式，从而得到完全不一样的效果。

18	
19	21
20	22
	23

图5.18　简册装在现代书籍设计中的运用
图5.19　卷轴装在现代书籍中的运用
图5.20—21　经折装在现代书籍中的运用
图5.22　和合装在现代书籍中的运用
图5.23　线装在现代书籍中的运用

2. 现代装订形式

现代装订形式，一般可分为平装、精装、活页装和散装四类：

（1）平装装订

平装是目前普遍采用的一种装订形式。装订方法简易，成本比较低廉，常用于期刊和较薄但印数较大的书籍。

平装书籍的装订方法，一般采用以下几种：

骑马订

这是书籍装订中最简便的方法，像订书器一样的装订样式（如图5.24），适用于页数不多的期刊和小册子，订处不占版面，纸张利用率高，但缺点是书页要配成双数。

图5.24 骑马订

线订

是在靠近书脊的版面用三眼线订或铁丝订，薄本书籍也可用缝纫机线订，它的方法简便，双数和单数的书页都能订，缺点主要是书页不能放平，也不宜用厚本书籍，使阅读不方便。

无线胶背订（如图5.25）

图5.25 无线胶背钉

是用乳胶粘合书脊，胶水能渗进纸面少许，以加固书脊，其方法也较简便，但牢固性稍差，乳胶会老化引起书页散落。

锁线订

是将一页一页的书页用线连锁起来，它比较牢固又易于排平，适用于较厚的书籍，是理想的装订方法，但成本较高。（如图5.26）

（2）精装装订

精装书籍比平装书籍精美耐用，多用

图5.26　锁线钉

图5.27　精装书1

于需要长期保存的经典著作、精印画册等贵重书籍和供经常翻阅的工具书籍，在材料和装订上都要比平装书籍讲究。

精装与平装的不同之处，除了书心一般都用锁线订或胶背订外，主要的区别是在封面的用料和制作上。

精装的封面有软和硬两种。硬封面是把纸张、织物等材料裱糊在硬纸板上制成，适宜于放在桌上阅读的大型和中型开本的书籍（如图5.27）。软封面是用有韧性的牛皮纸、白板纸或薄纸板代替硬纸板，轻柔的封面使人有舒适感（如图5.28），适宜携带的中型本和袖珍本，例如字典、工具书和文艺书籍等。

书脊有圆脊（如图5.29）和平脊（如图5.27）两种。圆脊是精装书籍常见的形式，其脊面呈月牙状。平脊用硬纸板做书脊的里环衬，封面也大多为硬封面，整个书籍的形体平整、朴实、挺拔。

堵头布和丝带（如图5.30），是精装书

28　图5.28　精装书2
29　图5.29　精装书3
30　图5.30　精装书堵头布

籍的附属物。堵头布是一种有厚边的扁带，粘贴在书心外边的顶部和底部，用于装饰书籍和书页间的连接。丝带粘贴在书脊的顶部，起着书签的作用。堵头布和丝带的颜色，设计时要和封面及书芯的色调达到和谐。

（3）活页装订（如图5.31—5.32）

图5.31—5.32　活页装订

活页装适用于需要经常抽出来，补充进去或更换使用的出版物，其装订方法常见的有穿孔结带活页装和螺旋活页装。

前者的封面和封底，一般分开成两片，也有的像精装书壳那样连在一起的。用装订机打孔，装上金属小圈，用丝带串连打结。在翻阅时能够放平，也较新颖美观，常用于产品样本、目录、照相簿和日历等。

（4）散装装订（如图5.33—5.34）

散装是把零散的印刷品切齐后，用封袋、纸夹或盒子装订起来，一般只适用于每张能独立构成一个内容的单幅出版物，例如造型艺术作品、摄影图片、教学图片、地图、统计图表等。大幅的折叠后装订。用时可悬挂展出观赏。

图5.33—5.34　散装装订

第六节　平装书的装订

平装书的装订工艺分为书芯加工和包封面，工艺流程：裁切→折页→配帜→订书包装→切书。从裁切到订书属书芯加工阶段（如图5.35）。

图5.35　书芯加工

一、书芯加工

1. 裁切

根据工序的要求，将印刷半成品理齐在单面切纸机上裁切成需要的规格。裁切的印刷半成品可以是书刊的正文印张、插图印张、衬页、封面，等等。

2. 折页（如图 5.36）

把印好的大幅面的书页，按照页码顺序和规定的幅面折叠成书帖的过程，称为折页，任何书籍的装订，几乎都首先要把大幅面的书页经过折叠成书帖，才能供下道工序工作。

折页的方式，大致可以分为三种：

（1）垂直交叉折页法。当一折和另一折的折缝呈相互垂直状，这种折页方式称为垂直交叉折页法。现在大部分书籍采用这种折页法。

（2）平行折页法。相邻两折的折缝呈平行状态的折叠方式称为平行折页法。一般适用于纸张比较厚实的印刷品，如少儿读物、图片、画册等。

（3）混合折页法。在同一帖书页中，各折的折缝既有垂直，又有平行，这样的折叠方式称为混合折，又称综合折，用机器所折成的书帖大部分是这种形式。

3. 配帖（如图 5.37）

将折叠好的书帖，或者根据版面需要在某些书帖上或书帖中，按照各种书刊装订的要求，经过粘页后，以页码顺序配齐各版、各页，使之组成册的工艺过程，称

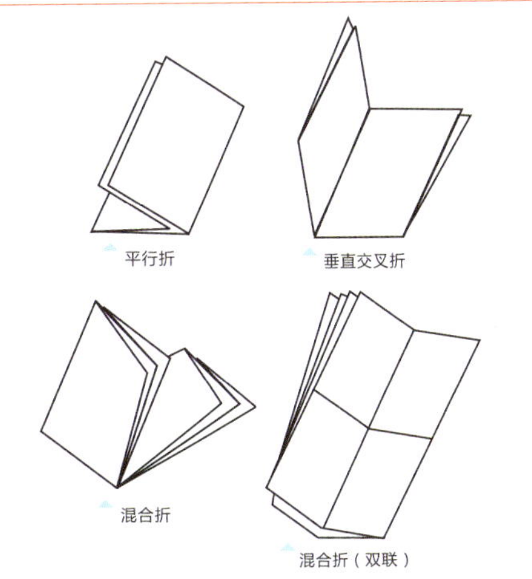

图5.36　折页方法

图5.37　配帖

为配帖或配页，又称排书。

各种书刊，除单帖成本外，都必须经过配帖的过程，配帖的方法有套帖法和配帖法两种。

（1）套帖法。套帖是将一个书帖按页码顺序套在另一个书帖的里面（或外面），成为一本书刊的书芯，最后把书芯的对面套在书芯的最外面，供订本成书。

套帖法一般用于期刊杂志或小册子，而且常用骑马订方法装订成册。

（2）配帖法。配帖是将各个书帖，按页码顺序一帖一帖地叠加在一起，成一本书刊的书芯，供订本后再包封面。

这种方法常用于各种平装书籍，精装书籍或无线胶粘订的书刊。

配帖时为了帮助配帖和检查配帖可能发生的错误，在印刷时，每一印张的帖脊处，按帖序印上一个小黑方块称为折标，通过配帖，书脊上就形成明显的阶梯状的检查标记，检查时，只要发现梯档不成顺序，就可发觉有误而及时纠正（如图5.38）。

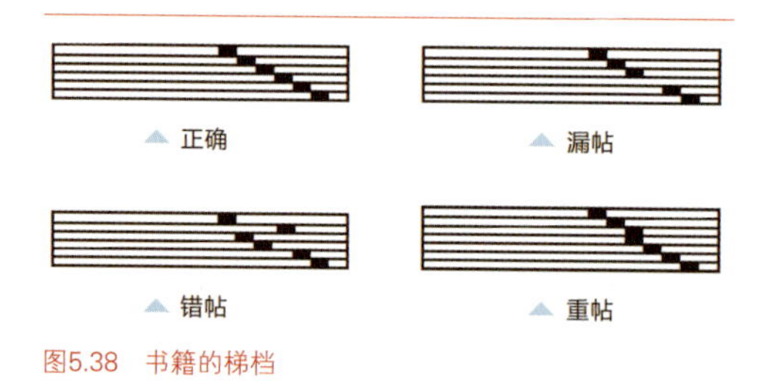

图5.38　书籍的梯档

4. 订书

把书芯的各个书帖运用各种方法订牢，就叫订书。常用的方法有：铁丝订、有线订、无线胶粘订三种。

铁丝订在铁丝订书机上进行，锁线订书有手工锁线和锁线机锁线（如图5.39）两种。

图5.39　锁线机锁线

二、包封面及切书

1. 包封

加工完成书芯后，包上封面成为平装书籍的毛本。

包封面有手工包封面和机械包封面两种。手工包封面是经过折封面（如图5.40）、刷胶粘贴、包封面、括平等五个工序。

平装书籍的封面应包得书芯脊缝粘合牢固平服，不能有空泡、拖浆或拱皱，书脊中文字应正中直线不能有歪斜单边，封

图5.40　折封面

面应清洁完整，不能有污点、破损、折角和折皱等现象。

2. 切书

上了封面的书待干燥后，进行三面切齐成为光本。光本就成为可供阅读的书刊。

切书由裁切机械来完成，裁切机械有单面切纸机和三面切书机两种。三面切书机专用于裁切各种书籍、杂志成品的机械。三面切书机上有三把钢刀。它们之间的位置可按书刊开本的大小加以调整。操作时只要一按联动器，书刊的切口、天头和地脚的三面毛边就一齐被切成光边（如图5.41）。

图5.41 切书

书刊切好后，还得进行逐本检查，防止成品书刊的折角、白页、污点字可能产生的缺陷，避免不合质量要求的书刊出厂。

有时为了体现材质特殊的质感，和质朴的视觉效果，会对印刷品不进行裁切，从而产生特殊的视觉效果（如图5.42、图5.43）。

图5.42—5.43 不裁边效果

第七节 精装书的加工

精装书籍的装帧、装潢比平装书籍要精致美观，封面一般定选用丝织品、漆布、人造革、皮革或纸张等材料过封面，粘贴在硬纸板表面，制成书壳，然后与书芯配套成册，或者是用塑料预先加工成书壳，再同书芯上下环衬粘贴在一起的卡纸套在塑料书壳的套层中成册。

精装书的装订工艺分为：书芯的制作和加工、书壳的制作和套壳等三大工序。

1.书芯的加工

书芯的制作，一部分与平装书装订工艺过程相同，包括：裁切、折页、配帖、锁线与切书。在完成这些工作以后，应该进行精装书芯特有的加工过程，其加工过程与书芯的结构有关。

精装书籍书芯的装帧形式分为：方背无脊、圆背有脊和圆背无脊等几种。

（1）压平（如图5.44）。压平的作用主要是排除页与页之间的空气，使书芯结实平服，提高书籍的装订质量，书籍的装帧不同，压平要求也不同。

（2）刷胶（如图5.45）。刷胶使书芯达到基本定型，在下一工序加工时，书帖不致发生相互移动，书芯刷胶可分为手工刷胶和机械刷胶两种。

44
45

图5.44 压平
图5.45 刷胶

图5.46 起脊

（3）裁切。经刷胶基本干燥后，进行裁切，成为光本书芯。

（4）扒圆。书芯由平背加工成圆背的工艺过程称为扒圆，圆背书芯都必须经过扒圆，扒圆后使整本书的书帖能互相错开，便于翻阅，提高书芯牢固程度和书芯同书壳连结程度。

（5）起脊（如图5.46）。书籍的前后封面与书背的连接处称为节脊。在书背与环衬连线边缘作成沟槽，其作沟槽的工艺叫起脊，脊高一般与封面纸厚度相同。

（6）书脊材料加工。是书芯的加固工作，使书背和书脊挺括，牢固，外形美观坚实。加工内容有：刷胶、粘书签带，书签带长一般取封面对角线的长度，粘进书背约10毫米，夹在书中可露出书芯约10毫米左右；贴纱布，贴纱布的作用是增加书芯的连结强度和书芯与书壳的连结强度；贴堵头布和书脊纸，堵头布是装饰布条，贴在书芯背脊的天头和地脚两端，使书帖之间紧紧连接，增强书籍装订的牢度，又增加了书籍的美观。粘堵头布要贴正、贴紧，贴书脊纸必须贴在书芯背脊中间，不起皱或起泡。到此，精装书芯加工完成。

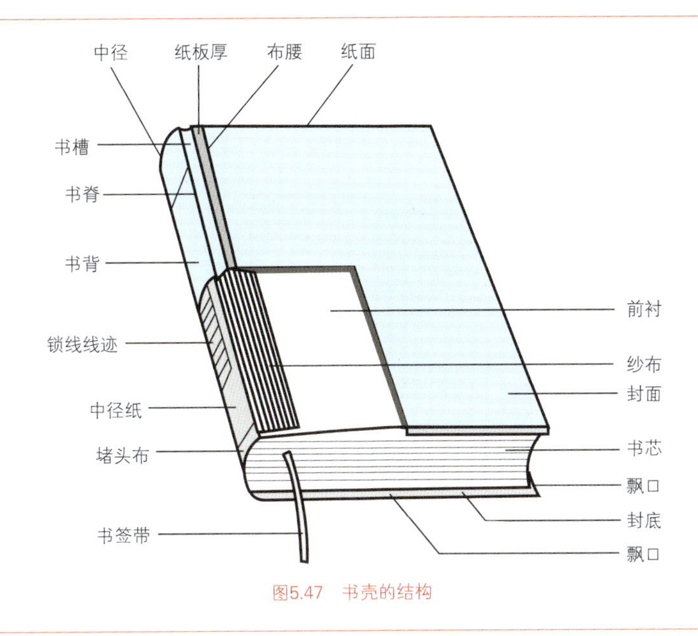

图5.47　书壳的结构

2. 书壳的制作（如图 5.47）

精装书的封面称书壳，除塑料书壳外，一般还有精装书书壳的结构。

书壳的面料分整料书壳和配料书壳，整料书壳是封面、封底和背脊都连在一起的一块面料，配料书壳是封面、封底用同一种材料，而脊背衬用另一种材料。

制作书壳时，先按规定尺寸将封面材料刷胶，然后再将前封、后封的纸板压实定位，称为摆壳，包好四周边缘和四角，就成为一个完整的书壳，进行压平即可（如图5.48）。

图5.48　书壳的手工制作

做书壳有手工操作，但效率低，现改用机器制作。

制作好的书壳，需要进行整饰加工，在前、后封和脊背上压印书名的图案等，加工方法可以是油墨压印、金属箔烫印、压印凸凹纹、丝网印等。

书壳整饰以后，进行最后加工——扒圆，扒圆的目的是使书壳的脊背成为圆弧形，以适应书芯的圆弧形状。

特色专题　利用印后加工进行创意的书籍设计

书籍装订从功能上能增强书的使用寿命，但是书籍作为精神文化的载体，也可以从审美情趣上给我们以多种启迪，装订形式的选择与书籍的内容、纸材的文化属性相一致时，装订工艺就能与印前设计、

印刷、印刷承印物、印后加工一起将书籍的整体形态完美地呈现出来。（如图5.49—5.54）

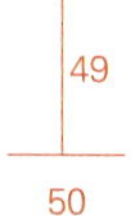

图5.49　网球俱乐部宣传册设计

图5.50　男装画册设计

51

52

图5.51　楼盘宣传册设计

图5.52　女鞋画册设计

53
54
图5.53 生活用品趣味书籍设计
图5.54 楼梯画册设计

特色专题　利用材质设计的创意手工书籍

要求：利用材料进行书籍设计，注意书籍的整体感与材质美感的结合。

优秀学生作业（如图5.55—5.62）。

55
56

图5.55　《秘密花园》手工书设计（学生：程佼）
图5.56　《Together》手工书设计（学生：吴荫）

57		
58		
	59	
60	61	62

图5.57 《笑脸》(学生:刘红玉)
图5.58 《DESIGN》手工书(学生:张巧)
图5.59 《X档案》(学生:郭娜)
图5.60 《逃》(学生:杨柳)
图5.61 《娃娃》(学生:聂艳)
图5.62 《涂鸦志》(学生:陈芳苇)

第六章　各类印刷品设计

第一节　书籍设计与印刷
第二节　包装设计与印刷
第三节　招贴设计与印刷

第六章　各类印刷品设计

印刷工艺的不断发展为平面设计提供了更为广阔的平台。设计效果优劣与印刷工艺息息相关，因为设计不是纸上蓝图，它必须通过一系列的生产流程才能变为成品，如包装成品、广告印刷制品、书装成品，等等。

第一节　书籍设计与印刷

书籍设计指开本、字体、版面、插图、封面、护封以及纸张、印刷、装订和材料事先的艺术设计（如图6.1）。从原稿到成书的整体设计，也被称为装帧设计。实际上它是：视觉艺术、印刷艺术、平面设计、编辑设计、工业设计、桌面排版的综合艺术。书籍设计要考虑形式与内容统一；考虑读者年龄、职业、文化程度；艺术与技术的结合等各方面的因素。

一、书籍设计的范围

书籍的构成包括封面、护封、腰封、护页、扉页、前勒口、后勒口（如图6.2）。对书籍的设计包括以下内容：

（1）开本大小及形态的选择。

（2）外观、封面、护封、书脊、勒口、封套、腰封、顶头布、书签、书签布、书顶、书口的一系列设计。

（3）版式编排（包括：字体、字号、字间距、行距、分栏、标题、正文、注释、书眉和页码设计）。

（4）零页的设计（包括：扉页、环衬、版权页）。

（5）插图的绘制。

（6）印刷工艺的选择和应用。

（7）材料的选择和应用。

图6.1　书籍设计

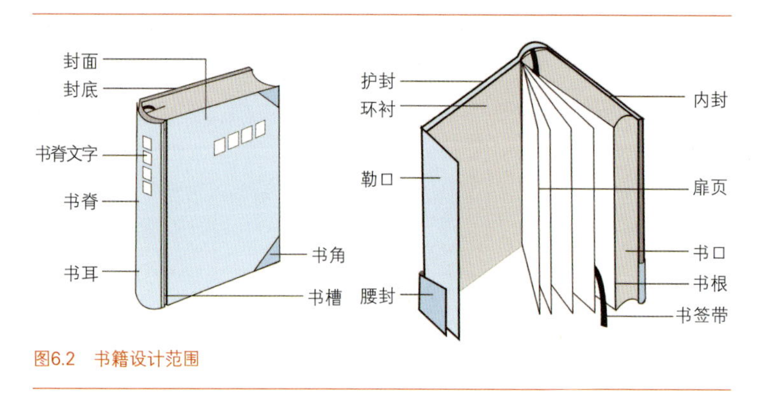

图6.2 书籍设计范围

二、书籍设计的过程

选题

选题是书籍设计的第一步，在出版社，选题工作一般由编辑完成，但是在教学工作中，选题大都由学生自己决定。在题目的选择上教师应加以引导，并根据学生自身兴趣进行选择，这样才能在后期的书籍设计与制作中发挥最大的能动性。

阅读原稿

一本书的设计面貌应主要由书籍的内容决定，书籍的设计也是为书籍内容更加清晰、生动的方式向读者呈现而服务的，这一切都建立在对文本的理解上。因此学生在设计中可能出现的让内容服从形式的本末倒置的方法是不可行的，设计者必须忠实于原稿，依据原稿来设计。

构思

构思是指在充分理解原稿内容的基础上，进行书籍整体设计的阶段，包括书籍的基调、风格、主题思想，以及后期的印刷与印后加工等，只有将内容、印前设计与印刷结合起来考虑才是一个完整的构思。

草图

画草图是设计中不可缺少的一个环节，有利于设计者将构思进行系统化与条理化，又利于后期工作的展开。

设计稿制作

设计稿制作是在草图的基础上在电脑上进行实现和再完善。这个要考虑所有书籍印前的视觉表现，比如色彩、图形、文字、版式设计、开本大小等，要特别注意印刷工艺对文字和图形的要求，避免因为设计稿的问题影响印刷成品的效果。

成品制作

成品制作主要由印刷厂完成，在这个阶段设计者应与印刷厂进行沟通和配合，确保书籍印品的精良。

典型案例：《不裁》 设计：朱赢椿

《不裁》一书（如图 6.3）在 2006 年刚出版便入选“2006 年中国最美图书”，书中内容大部分为随笔，书名“不裁”意为希望不显现琢痕，也是谐音“不才”的谦意。设计师巧妙地将文字内容和风格体现在装帧上：它需要边裁边看。也就是说读者必须参与裁书才能帮助全书成型。在书的前环衬设计了一张书签，可随手撕开作裁纸刀用。《不裁》中所有藏书票和插图均由作者古十九亲手创作，“原生态”的画作和全书文字、装帧浑然一体。

朱赢椿：“我的设计理念是新而不异，尽量从书的本身去挖掘、去思考……书籍的设计在于提升书籍本身的功能，而不能喧宾夺主，书籍设计与书籍内容的完美结合是最理想的境界。”

实例《中国古代造型纹饰》设计(图6.4)

图6.3　《不裁》书籍设计

图6.4　《中国古代造型纹饰》书籍设计　　设计：康帆

第二节　包装设计与印刷

包装设计是现代商品不可缺少的必要部分和外部形式，有创意的包装设计是实现商品价值和使用价值的一种有效手段。(如图6.5)

要设计出优秀的包装设计，一定要有创意，包装设计创意的体现，是多方面的，可以从包装材料、包装形态、包装结构，也可以从包装品牌字体、包装图形(如图6.6)、包装色彩（如图6.7)、包装编排等具体环节体现创意。

5
6 7

图6.5　优秀包装设计
图6.6　包装图案
图6.7　可口可乐包装设计

包装设计的内容

包装设计包括产品容器设计、产品内外包装、吊牌标签设计、礼品包装设计、手提袋设计等，按类别分为烟酒类包装、食品包装、医药包装、保健品包装、化妆品包装、日用品包装等。

条形码制作

条形码是现代包装设计中必不可少的信息，标准版的条形码由13位数字组成以及条形码符号组成，许多软件都可以制作条形码，例如在CorelDRAE软件中，可以通过“编辑——插入条形码”命令进行条形码的生成，但是此时的条形码是四色黑的条形码，不便于印刷。为了避免出现问题，应该将条形码导出为AI矢量格式再导入，再对齐进行色彩填充。

出血与裁切线

在包装盒和手提带的边缘应增加3mm的出血，以便模到裁切，在输出四色网片时应增加包装盒展开型的裁切线，作为模切依据。印刷品经覆膜、模切、穿绳、粘合等工艺后完成成品的印刷加工。

包装印刷材料与方式选择

包装设计的印刷材料选择极为丰富，因此对于包装材料与印刷方式的选择要非常熟悉。

平版印刷

画面色调层次丰富，连续调原稿包装的复制适合采用平板印刷，适用于厚纸包装、商标、画册、产品样本等（如图6.8）。

凹版印刷

墨色厚实，图案层次分明，适用于塑料薄膜、复合材料的印刷，例如卷筒纸包装、塑料包装袋、复合材料等（如图6.9）。

丝网印刷

印品墨层厚，色彩鲜艳，立体感和遮盖力强，能在非平面物体的表面印刷，适用于塑料、纤维织物、木材、金属标牌、金属或非金属容器、商标、标签等（如图6.10）。

凸版印刷

具有饱满的墨层厚度，产品层次丰富、色彩鲜艳，适用于瓦楞纸、液体纸、容器、纸袋、商标、标签、薄膜袋等（如图6.11）。

图6.8　平版包装印刷
图6.9　凹版包装印刷
图6.10　丝网包装印刷
图6.11　凸版包装印刷

不同类别的包装设计

烟酒包装设计

烟酒包装设计包括香烟包装设计、白酒包装设计、红酒包装设计、啤酒包装设计、葡萄酒包装设计等，这种商品的包装设计特别要求具有独特的个性，特殊的气氛感和高价、名贵感。它需要优质的包装材料，以提升其身价，比较注重特种印刷工艺的运用。（如图6.12—6.16）

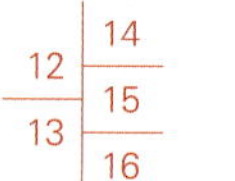

图6.12—6.16 酒包装

化妆品包装设计

化妆品包装包括化妆品包装盒设计、化妆品瓶体设计、洗涤用品包装设计等，化妆品作为一种时尚消费品，除了它有一定的使用功效外，还是一种文化的体现，是使用功能与精神文化的结合，往往是用来满足消费者对美的心理需求。这类产品无论包装造型或色彩都应设计得简洁干净、优雅大方。（如图6.17—6.22）

17 18 19 20 21 22

图6.17—6.22　化妆品包装

食品包装设计

食品包装设计包括休闲食品包装设计、饮料包装设计、茶叶包装设计、月饼包装设计、礼盒包装设计等，我们在进行食品包装设计时，注重考虑两个层面的表现：即“口感”和“舌感”，在做到这两点的基础上，才进一步从包装结构、材料运用、行业标准等方面继续完善。（如图6.23—6.28）

23 24 25 26 27 28

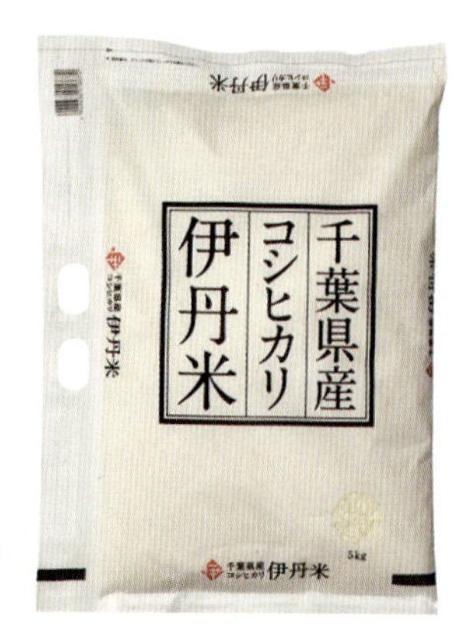

图6.23—6.28 食品包装

保健品包装设计

保健品包装是一种特殊包装，馈赠送礼是一大需求；而且某些保健品价值昂贵，也需要有体面一点的包装衬托其高贵，显示送礼的气派，根据国家相关规定，保健品包装设计细分为保健药品包装设计和保健食品包装设计两大类，该类产品的包装设计必须严格遵循相关行业标准和规范。

日用品包装设计

日用品包装设计包括软件包装设计、CD包装设计、电子产品包装设计、服装包装设计、日化产品包装设计、农产品包装设计、工业品包装设计、家用电器包装设计、灯具包装设计、厨具包装设计、电池包装设计、肥料包装设计、饲料包装设计、涂料包装设计、油漆包装设计、石油产品包装设计等，科技、时尚是该类产品的外在特点，设计表现趋向于简约，同时应该考虑如何易于产品线的形象延伸。(如图6.29—6.32)

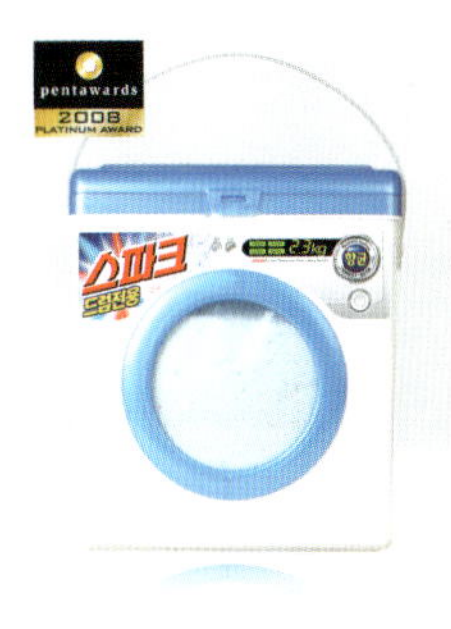

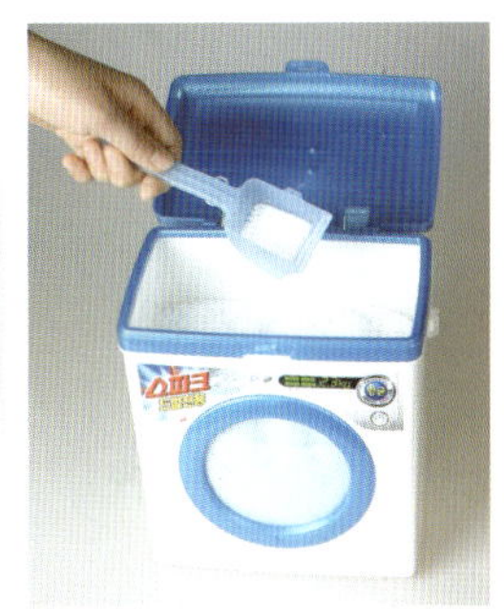

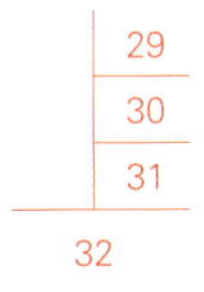
29
30
31
32

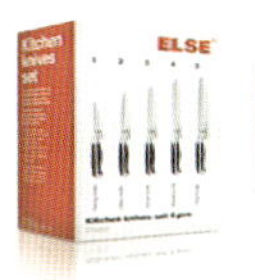

图6.29—6.32　日用品包装

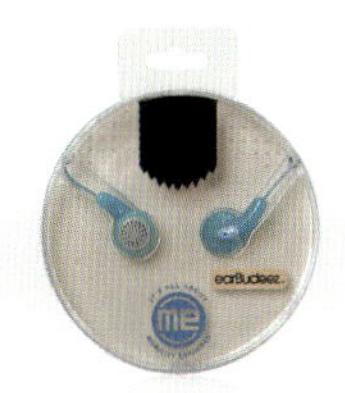

第三节　招贴设计与印刷

招贴也叫海报，主要用于街道、影院、展场、车站、公园等公共场所的一种宣传形式。海报是人们极为常见的一种招贴形式，多用于电影、戏剧、比赛、文艺演出等活动。海报中通常要写清楚活动的性质，活动的主办单位、时间、地点等内容。海报的语言要求简明扼要，形式要做到新颖美观。

招贴相比其他广告具有画面大、内容广泛、艺术表现力丰富、远视效果强烈的特点。

招贴的特点

1. 宣传性

海报希望社会各界的参与，它是广告的一种。海报可以在媒体上刊登、播放，但大部分是张贴于人们易于见到的地方，其广告性色彩极其浓厚。

2. 商业性

海报是为某项活动作的前期广告和宣传，其目的是让人们参与其中，演出类海报占海报中的大部分。

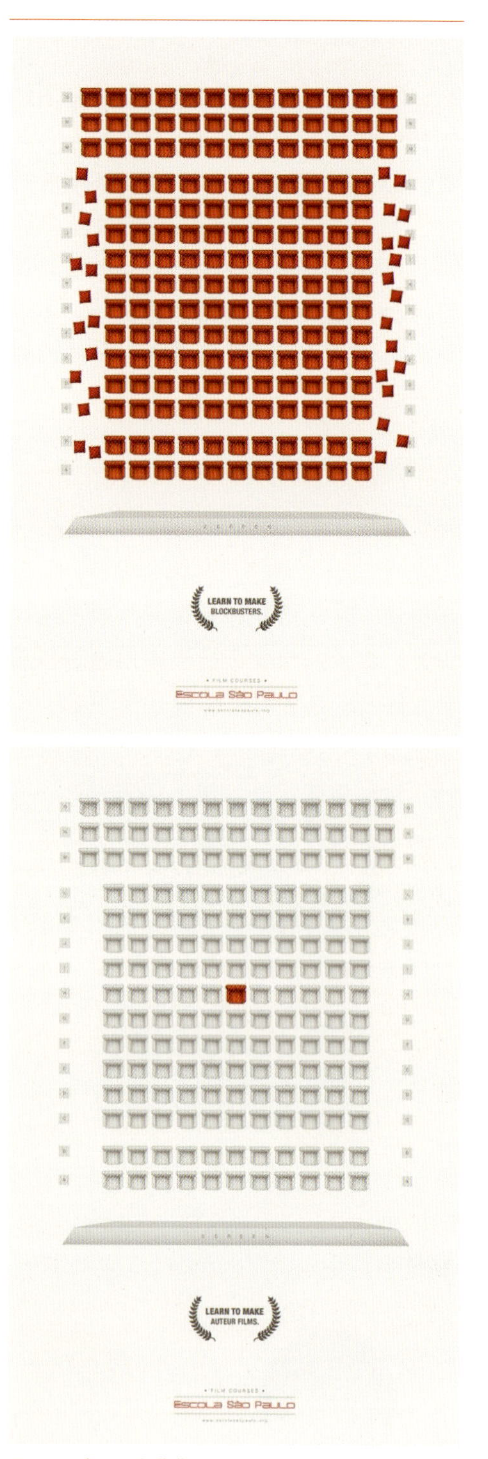

33
34

图6.33—6.34　电影学校Escola Sao Paulo的招生海报

巴西这家电影学校Escola Sao Paulo的招生海报，他们利用电影院的座位图来展现创意，以订位及空位的颜色区别来呈现各种不同风格的电影，也直接说明他们的教学课程。利用位置的变化，他们带出了战争电影、原创电影、恐怖电影、大型电影，等等。（如图6.33—6.37）

图6.33　大片，坐满满的

图6.34　个人电影，自己拍给自己看

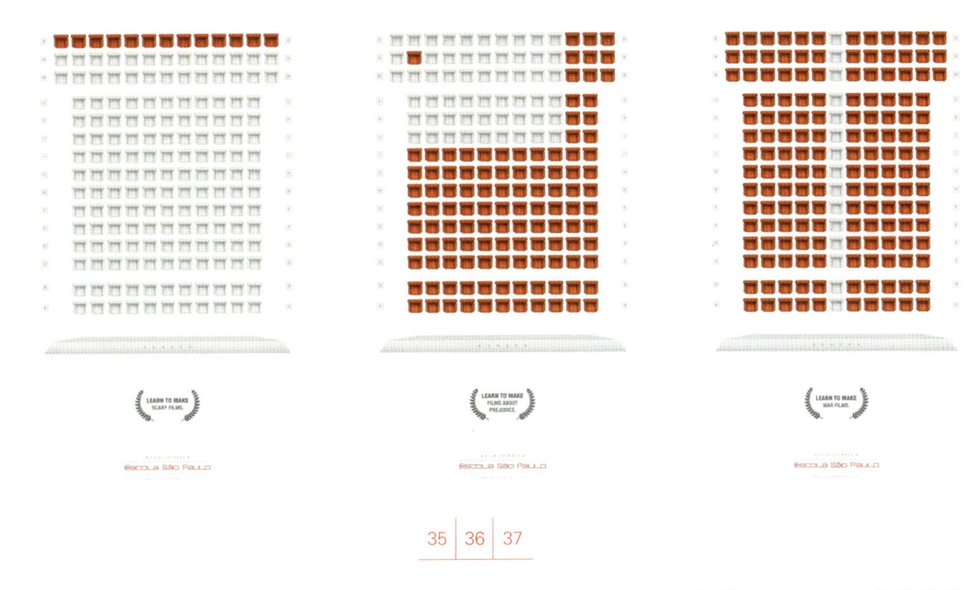

35 | 36 | 37

图6.35—6.37　电影学校Escola Sao Paulo的招生海报

图6.35　恐怖电影，所以观众都缩在后排

图6.36　有争议电影貌似还是有偏见的电影，所以观众有人被孤立代表和别人意见不同

图6.37　战争电影，观众分 2 派代表对立

海报的分类

海报按其应用不同大致可以分为商业海报、文化海报、电影海报和公益海报等，这里对它们进行大概的介绍。

1. 商业海报

商业海报是指宣传商品或商业服务的商业广告性海报。商业海报的设计，要恰当地配合产品的格调和受众对象。（如图6.38—6.46）

38
39

图6.38—6.39　贝纳通商业海报

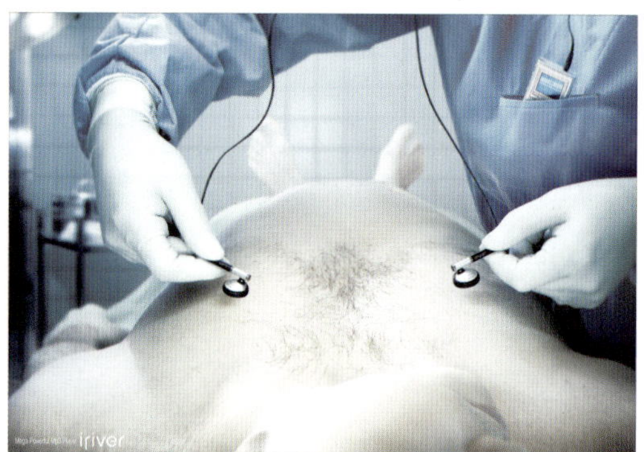

40	41
42	43
44	45

图6.40　大众汽车广告

图6.41　SONY音乐广告

图6.42—6.43　剃须刀广告

图6.44—6.45　广告公司招聘广告

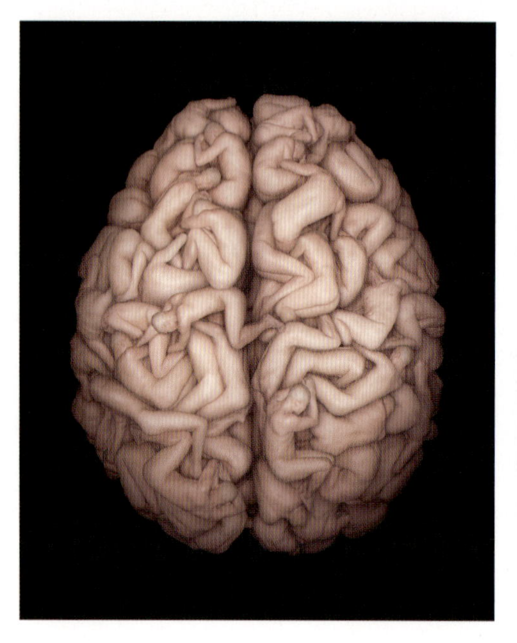

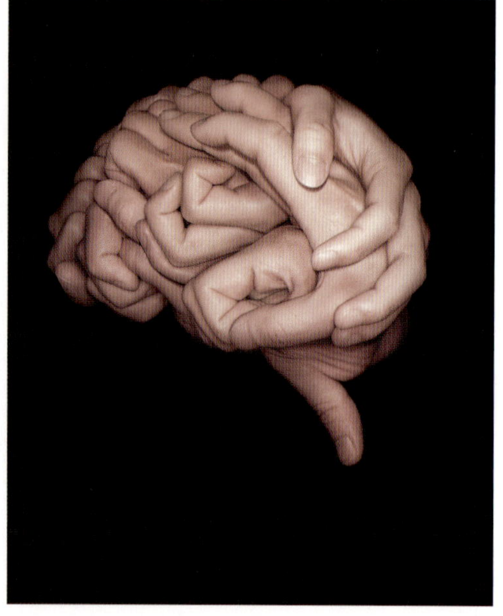

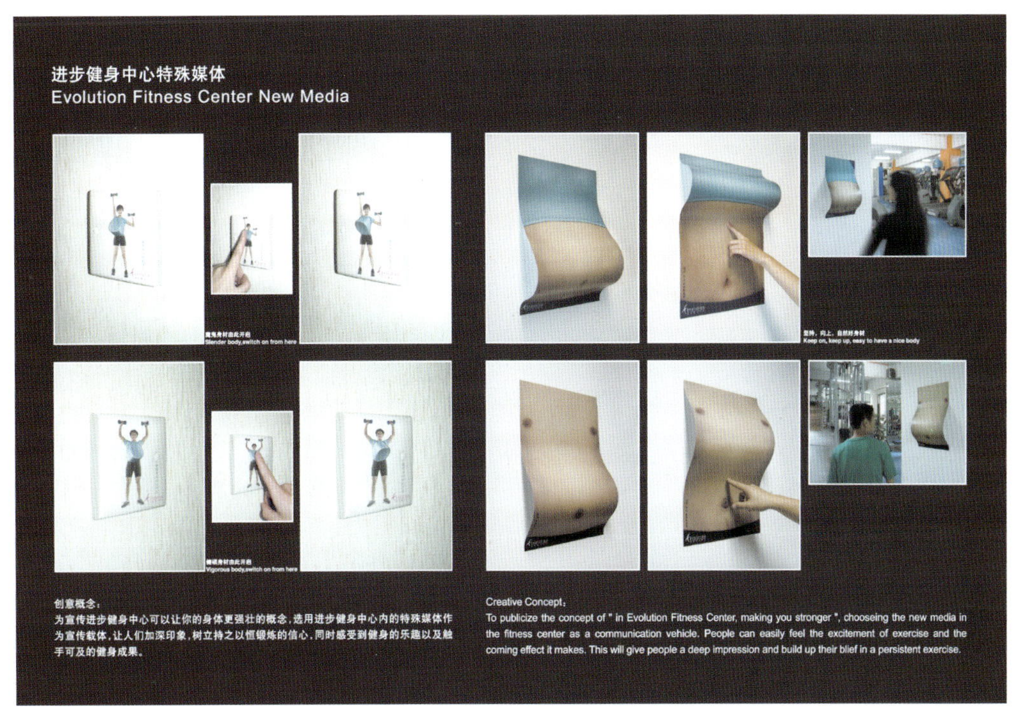

图6.46　健身俱乐部广告

2. 文化海报

文化海报是指各种社会文娱活动及各类展览的宣传海报。展览的种类很多，不同的展览都有它各自的特点，设计师需要了解展览和活动的内容才能运用恰当的方法表现其内容和风格。（如图6.47—6.49）

3. 电影海报

电影海报是海报的分支，主要起到吸引观众注意、刺激电影票房收入的作用，与戏剧海报、文化海报等有几分类似。

图6.47—6.49　文化宣传海报

4. 公益海报

公益海报是带有一定思想性的。这类海报具有特定的对公众的教育意义，其海报主题包括各种社会公益、道德的宣传，或政治思想的宣传，弘扬爱心奉献、共同进步的精神等。

图6.50—6.52　全球变暖公益海报

招贴与印刷

因为海报具有远视效果强的特点，因此一般尺寸较大，所以在设计时应注意以下几点：

（1）设计时确认图片的精度，放大能够保证非常好的精度，不能出现马赛克和模糊的情况。

（2）文件输出时转存格式的选择，一般用矢量软件进行原来尺寸的设计，并确保文字为矢量图形。

（3）印刷纸张的确定，包括纸张和尺寸和材质。

（4）合理的拼版，能够节约成本。

参考文献

参考书目

张树栋. 庞多益. 郑如斯. 简明中华印刷通史. 南宁：广西师范大学出版社，2004.
刘春雷. 包装印刷设计. 北京：印刷工业出版社，2007.
张朴. 侯云汉. 印刷工艺. 武汉：华中师范大学出版社，2008.
朱国勤. 要过忲. 设计印刷. 上海：上海人民美术出版社，2010.

参考网站

http：//res.bigc.edu.cn/yinshuaziyuanku/yinshuajichuzhishi/
北京印刷学院特色资源库
www.zcool.com.cn
站酷设计网